花の日本語

山下景子

幻冬舎

花の日本語

はじめに

言葉とは、心の入れ物だと思っています。単なる音の中に、人はさまざまな思いをこめてきました。

感情や意思を表現する言葉だけではなく、物の名前にも、名づけた人々の思いがこめられています。

特に心惹《ひ》かれるものには、固有の名前をつけたくなるもの。人気のある人がいろいろな愛称で呼ばれるように、たくさんの異称を持つ物は、それだけ愛されてきた証拠かもしれません。

そう思って草花の名前をみていくと、植物を愛する日本人の気持ちがよくあらわれているように思えるのです。名前のひとつひとつが、じつは、昔の人々からの言葉の贈り物のような気さえしてきます。

中世のころは、和歌に一枝添えて、恋する人に贈るということをしました。その場合、どんな草花でもよかったわけではありません。どういう名前か、どんな由来を持つ植物かなど、たった一本の枝にもメッセージを託していたようです。

たとえば、藤原道綱《ふじわらのみちつな》の母が書いた『蜻蛉日記《かげろうにっき》』には、

〜嘆きつつ 独《ひと》り寝《ぬ》る夜《よ》の 明くる間《ま》は いかに久しき ものとかは知る〜

(嘆きながら独り寝をする夜が明けるまでの時間は、どんなに長いものか、ご存じでしょうか)

という歌を、しおれかけて色変わりした菊に挿《さ》して渡したとあります。

菊は、末永く栄えることの象徴。そして、貞節心をあらわす花でした。しおれた菊に、夜が明けるまで恋しい人を待ち続けた嘆きや、相手の心変わりをなじる気持ちを託したのでしょう。

美しさを愛《め》でるだけでなく、名前や逸話から、その草花の持つ意味合いを広げていく……それが日本人のこだわりだったのですね。

日本のよさ、美しさを語るとき、「四季があるから」と答える人は多いと思います。その四季の風景の中に、必ず季節季節の花が咲いています。

そして、私たちの暮らしの中にも、さまざまな花が咲きます。「恋の花」「思い出の花」「話の花」……。

草花が、花を咲かせようとする心のことを「花心」というのですが、人もまた、自分なりの花を咲かせたいと願いながら生きているようです。

そんな中で、昔から人は、草花から、さまざまな教えを汲《く》みとってきました。草花を通して人生を知ったり、命を考えたり……。まるで、対話をするように眺めてきたようです。身のまわりにある植物たちが、友だちでもあり、先生でもあったというわけですね。

今でも、私たちの身近にあるたくさんの植物……。「もう一度、友として、師として、話しかけてみたい」「その名前や姿を、見つめ直してみたい」……そんなふうに思える草花の名前を集めてみました。

それが、あなたの心の花を、いっそう美しく咲かせることにつながればうれしいと思いながら……。

contents

はじめに……3

第一章　旅する草花……9

香雪蘭　こうせつらん（フリージア）……11
風信子　ふうしんし（ヒヤシンス）……13
化粧桜　けしょうざくら（プリムラ・マラコイデス）……15
花車　はなぐるま（ガーベラ）……17
白詰草　しろつめくさ（クローバー）……19
花一華　はないちげ（アネモネ）……21
木春菊　もくしゅんぎく（マーガレット）……23
富貴菊　ふうきぎく（シネラリア）……25
鈴懸木　すずかけのき（プラタナス）……27
緋衣草　ひごろもそう（サルビア）……29
匂豌豆　においえんどう（スイートピー）……31
天竺牡丹　てんじくぼたん（ダリア）……33
孔雀草　くじゃくそう（マリーゴールド）……35
阿蘭陀石竹　おらんだせきちく（カーネーション）……37
衝羽根朝顔　つくばねあさがお（ペチュニア）……39
覇王樹　はおうじゅ（サボテン）……41
菩薩花　ぼさつばな（ハイビスカス）……43
秋桜　あきざくら（コスモス）……45
猩猩木　しょうじょうぼく（ポインセチア）……47

第二章　恋する草花……49

馬酔木　あしび……51
二輪草　にりんそう……53
相思樹　そうしじゅ……55
二人静　ふたりしずか……57
勿忘草　わすれなぐさ……59
葵　あおい……61
深見草　ふかみぐさ……63
芍薬　しゃくやく……65
定家葛　ていかかずら……67
錦木　にしきぎ……69
小町草　こまちそう……71
芹　せり……73
比翼草　ひよくそう……75
懐草　なつかしぐさ……77
裏見草　うらみぐさ……79
蓼　たで……81
思い草　おもいぐさ……83
思い葉　おもいば……85
花鳥の使い　かちょうのつかい……86
恋草　こいぐさ……88

第三章　瓜ふたつの草花……89

大犬陰嚢　おおいぬのふぐり……91
三味線草　しゃみせんぐさ……93
堅香子　かたかご……95
花大根　はなだいこん……97
苧環　おだまき……99
折鶴蘭　おりづるらん……101
十二単　じゅうにひとえ……103
踊子草　おどりこそう……105

イラスト　武市りえ
デザイン　松岡史恵（niji-sora graphics）

第一章
旅する草花

～難波《なにわ》の蘆《あし》は伊勢の浜荻《はまおぎ》～

難波《なにわ》では蘆《あし》と呼んでいても、伊勢では浜荻《はまおぎ》と呼ぶ……ところ変われば、名前が変わるというたとえです。

現在、日本で親しまれている植物の中にも、外国から入ってきたものがたくさんあります。特に明治時代以降、西洋から、たくさんの花が入ってきました。色鮮やかで、もの珍しい草花に、多くの人が目を奪われたことでしょう。

現代では、外国名をそのままカタカナにして呼ぶことが多いようですが、当初は、それぞれに和名をつけ、漢字を当てて、受け入れてきました。

お花を育てている人に、その名前をたずねると、「カタカナの難しい名前だったから、わからない」という答えがかえってくることがよくあります。たしかに、耳慣れない名前がついていて、覚えられないのはもっともだとは思いますが、少しさびしい気がします。

古代、男性が女性の名前をたずねることが、求愛そのものという時代もありました。今でも、名前を知りたいと思う気持ちは、心惹かれている証拠ではないでしょうか。

名前をつける時にも、さまざまな思いがこもるもの。異国からやってきた草花を、当時の人々がどのように眺め、どんな思いをこめてきたか、いっしょにたどってみませんか。

香雪蘭《こうせつらん》

フリージアの異和名
「香雪蘭」…アヤメ科・南アフリカ原産・花期　春

標準和名は、**浅黄水仙《あさぎすいせん》**。初めて日本に入ってきた**フリージア**が、淡い黄色だったからだそうです。

といっても「あさぎいろ」といえば、普通は「浅葱色」と書いて、薄い葱《ねぎ》の色、淡い緑色を指します。昔から、黄色と混同されやすかったようです。

野生種は、黄色と白だそうですが、今では、交配によって、赤、ピンク、紫など、色とりどりの**フリージア**ができました。

それにしても初めは、ラッパのような花の形から、水仙の仲間と思われたようですね。もうひとつの異名は、**香雪蘭《こうせつらん》**。今度は、蘭の仲間だと思ったようです。たしかに、細い茎に次々と花をつけていく様子は、蘭に似ています。ところが本当は水仙でも蘭でもなく、アヤメ科の植物だということです。

「香雪」とは、よい香りを放つ白い花を、雪にたとえていう言葉。**フリージア**はどれも香りのいい花ですが、特に白い花がよく香るので、このような名前がついたのでしょう。

寒い時期に咲いて、春を呼ぶ花……という印象がありますが、それは温室で栽培され、花の少ない時期に出荷されることが多いから。本当は、アフリカ生まれ。霜や寒さには弱いのだそうです。特に寒くて雪が降るような時には、あまり香らないのだとか。

でも、花をよく見ると、どれも上を向いています。寒さが苦手でも、縮こまっていたりはしないのですね。大好きなお日さまを、無邪気な顔で見上げているかのようです。

風信子《ふうしんし》

ヒヤシンスといえば、決まって出てくるのがギリシャ神話ですね。
太陽神アポロンと、西風の神ゼフィロスから愛された、伝説の美少年ヒュアキントス。アポロンの投げた円盤が、あやまって頭に当たり、亡くなってしまったという悲劇の主人公です。そして、その血の跡に咲いた花が、**ヒヤシンス**だというのです。

ヒヤシンスの和名
「風信子」…ユリ科・ギリシャ、シリア、レバノン原産・花期　春

といっても、ギリシャ神話の花は、今の**ヒヤシンス**ではないという説もあります。幕末のころ、日本にやってきたそうですが、当時の人々は、この名前に「風信子」という漢字を当ててました。

その後、さらに「ふうしんし」と音読みするようになりました。「飛信子」とも書きます。

ほかに、**風信草**《ふうしんそう》、**夜香蘭**《やこうらん》、**錦百合**《にしきゆり》、**風見草**《かざみぐさ》など、多くの異名を持つ花です。

「風信」とは、風の便りのこと。

早春の風の中を漂う甘い香りが、「風信」を思わせるのかもしれませんね。

〜片恋の　わが世さみしく　ヒヤシンス　うすむらさきに　にほひそめけり〜（芥川龍之介）

どこか寂しげな風情の**風信子**を見ていると、なんだか、便りを待ちわびる気持ちがつのってきます。

化粧桜《けしょうざくら》

✽ **プリムラ・マラコイデスの異和名**
「化粧桜」…サクラソウ科・中国原産・花期　春
「桜草」…サクラソウ科・自生・花期　春

プリムラといえば、一般に、**西洋桜草**《せいようさくらそう》の総称です。明治時代の中ごろ、日本に伝わりました。

大変種類が多いのですが、中でも一番親しまれているのが、**プリムラ・マラコイデス**ではないでしょうか。この和名を、**化粧桜**《けしょうざくら》というそうです。ほかに、**乙女桜**《おとめざくら》という異称も持っています。

もともと日本にも**桜草**が自生していました。こちらは**日本桜草**と呼んで、**西洋桜草**と区別することが多いようです。でも、この**日本桜草**は、開発行為や採取などの影響で、今や絶滅危惧《きぐ》種です。

徳川家康が、鷹《たか》狩りの帰りにこの花を見て、持ち帰ったという記録もあるほど。あまりの可憐《かれん》さに、つい手が出てしまうのかもしれませんが、野生のまま、大切に守り伝えていきたい花のひとつですね。

桜草という名前は、花の形が、山桜に似ているところからついたものだそうです。でも、**化粧桜**の「桜」は、「桜草」のことです。

日本桜草によく似ていますが、雰囲気はとっても華やか。お化粧して、ドレスを着た乙女たちといったところでしょうか。春の風に、ドレスの裾をひらひらとひるがえしているかのように咲いています。

花車《はなぐるま》

ガーベラの異和名
「花車」…キク科・南アフリカ原産・花期　春〜秋
「千本槍」…キク科・在来種・花期　春と秋

ガーベラの花そのものが、十九世紀後半に発見されたそうです。といっても発見されたのは原種。その後、交配を繰り返し、明治の末ごろ日本に伝わったということです。

赤、オレンジ、ピンク、黄、白……色とりどりの整った花を咲かせる**ガーベラ**は、**花車**《はなぐるま》と呼ばれました。

ほかの和名を見てみると、**阿弗利加**《アフリカ》**蒲公英**《たんぽぽ》、**阿**

弗利加千本槍《せんぼんやり》、**大千本槍**と、なんとも強烈な名前がつけられています。

ここに出てくる**千本槍**は、日本各地に自生する山野草のこと。

春と秋に蕾《つぼみ》をつけるのですが、秋の蕾は開くことはなく、そのまま綿毛になります。これを閉鎖花《へいさか》というそうですね。なんでも、自分で受粉するのだとか。

春の花は、花びらが少なめの蒲公英のよう。花びらは白で、裏が淡い紫色を帯びていることから、**紫蒲公英《むらさきたんぽぽ》**とも呼ばれます。

秋、ひょろっと細い茎が、まっすぐ伸びて、その上に閉鎖花や綿毛をつけている様子を、何本もの槍を立てかけていると見立てて、**千本槍**という名がつきました。

それに比べると、ガーベラの茎は、ずっと太くて、まさしく**大千本槍**。

いかにも強そうですが、野山でたくましく自生している、か細い**千本槍**の方が、本当は強いのかもしれませんね。

白詰草《しろつめくさ》

※クローバーの和名
「白詰草」…マメ科・ヨーロッパ原産・花期　春〜秋
「赤詰草」…マメ科・ヨーロッパ原産・花期　春〜秋

江戸時代にヨーロッパから渡来したといわれますが、すっかりおなじみになりました。歳時記では、春の季語とされています。

ガラスなどの交易品が送られてきた際、荷物のすきまに詰められていたところから、「詰草」と呼ばれるようになったそうです。花の色が白いので、**白詰草《しろつめくさ》**。

ほかに、赤い花を咲かせる**赤詰草**もあります。

繁殖力が強く、牧草としても利用されるところから、**和蘭馬肥《オランダうまごやし》**。また、**和蘭紫雲英《オランダげんげ》**とも呼ばれます。

普通は三つ葉。

そして、めったに見つからない四つ葉は、いつしか幸福のシンボルとされるようになりました。

でも、四つ葉ができる原因は、踏まれたりして、生長点が傷つけられるからだとか。

「幸運」と「幸福」は違います。

たまたま恵まれるのが「幸運」、心に育てていくのが「幸福」。

踏まれて、傷ついて育った四つ葉が、ほかの葉っぱに紛れて、さりげなく揺れている姿を見ていると、幸運に恵まれなくても、幸福になれたのだなぁと思えます。

だからこそ、幸福のシンボルとしてふさわしい……。そんな気がするのです。

花一華《はないちげ》

アネモネは、英語で windflower とも呼ばれるそうです。**アネモネ**の語源も、ギリシャ語で「風」を意味する「anemos」からだとか。早春の穏やかな風に撫《な》でられるようにして咲くところから、こう呼ばれるようになったといわれます。鮮やかな色あいの花を咲かせますが、摘みとるとすぐにしおれてしまう、そんなはかなさも持った花です。

和名は、**牡丹一華**《ぼたんいちげ》。**花一華**《はないちげ》とも呼ばれます。牡丹

アネモネの異和名
「花一華」…キンポウゲ科・地中海沿岸原産・花期　春

に似ている一華、花がひときわ美しい一華ということでしょう。

「一華」という名前は、ひとつの茎に、花が一輪だけ咲く植物につけられます。

ところが仏教では、悟りを求める心のたとえによく使われます。

「一華開《ひら》けて天下の春」……。直訳すれば、一輪の花が開くことによって、天下に春が来たことを知るということです。そこには、心眼が一度開けると、今あるそのままの世界が、すばらしい宇宙だと悟るようになる……そんな意味がこもっています。

風に翻弄《ほんろう》されるようなはかない命だからこそ、私たちは、そこに意味を求めようとするのでしょう。そして、心の中に、一輪の花を咲かせようとするのでしょう。

悟りとか心眼とか、そんな高尚なものではなくても、ともし火のような思いが心に咲くだけで春が来る……。あなたの心の花一華、いつも咲いていますように。

木春菊《もくしゅんぎく》

✿マーガレットの和名
「木春菊」…キク科・カナリア諸島原産・花期　春〜夏
「春菊」…キク科・地中海地方原産・花期　春

木春菊《もくしゅんぎく》の「春菊」とは、野菜としておなじみの**春菊**《しゅんぎく》のことです。関西では、**菊菜**《きくな》と呼びますね。

室町時代に日本に伝わって以来、栽培されてきましたが、食用にしているのは、中国や日本などのわずかな国々だけ。ほかの国はもっぱら観賞用なのだそうです。

秋に花が咲く菊に対して、春咲くので**春菊**。たしかに、花を見ずに摘んでしまうには惜しいほど、愛らしい白や黄色の花を咲かせます。

そんな**春菊**に花が似ているる**マーガレット**。大きくなると、草だった茎が木質化するところから、**木春菊**と名づけられました。

マーガレットの語源は、ギリシャ語で真珠という意味だそうです。真珠のように純白の花びらが、いかにも清楚《せいそ》な感じですね。

日本に渡来したのは明治時代。春のやさしい風が似合いそうだと思ったのですが、夏の季語に入れられていました。

ふるさとは、モロッコ沖のカナリア諸島。ここはローマ時代から、幸運諸島と呼ばれてきたそうです。

美しい声で鳴く鳥カナリアも、その名のとおり、この島で発見されたとのこと。

恋占いの花として知られていますが、花びらを一枚一枚ちぎっていくなんて、かえって縁起が悪いかもしれません。幸運諸島からやってきた、幸運の使者なのですから。

富貴菊《ふうきぎく》

シネラリアの異和名

「富貴菊」…キク科・カナリア諸島原産・花期　春〜初夏
「牡丹」…ボタン科・中国北西部原産・花期　初夏

明治初年に渡来したといわれる**シネラリア**。

音が、「死」に通じるところから、**サイネリア**といいかえる場合も多いですね。これも忌み言葉といえるでしょう。

葉の形が、蕗《ふき》に似ているということで、**蕗菊**《ふきぎく》。または、**菊蕗**《きくぶき》。

花が桜草に似ているので、**蕗桜**《ふきざくら》。

さらに、蕗を「富貴」と書きかえて、富貴菊《ふうきぎく》とも書くようになりました。富や高貴へのあこがれが、そうさせたのでしょう。

忌み言葉にしても、漢字の置き換えにしても、日本人の言葉に対する繊細さがうかがえるような気がします。

富貴といって、まず思い浮かぶのが、**富貴草**《ふうきぐさ》の異名を持つ**牡丹**《ぼたん》です。「百花の王」**牡丹**の品格には及ばないとしても、**富貴菊**の品種の多さは、豊かさをあらわすといえるのかもしれません。

とはいえ、富貴というよりは、かわいらしい印象の花たちです。

赤、青、ピンク、紫、白、黄色……。絞り咲き、蛇の目咲き……。さまざまな色や形の花が、元気に咲いています。

惜しむらくは、**サイネリア**より、もっとぴったりの和名がなかったということでしょうか。

鈴懸木《すずかけのき》

※プラタナスの和名
「鈴懸木」…スズカケノキ科・アジア西部原産・花期　初夏

街路樹によく植えられているプラタナス。大きな楓《かえで》のような葉っぱ、まだら模様になる木肌はおなじみですね。

明治の初めに日本に渡来し、明治三十七（一九〇四）年に初めて街路樹として植えられて以来、日本全国に広まりました。生長が早く、公害にも強いからだそうです。

五月ごろ、その見慣れた街路樹を、見上げてみませんか。まあるい緑のボールがぶら下がっているのに気がつくと思います。これが、プラタナスの花です。

その花を、修験者《しゆげんじや》の着る「鈴懸」に見たてて、鈴懸木《すずかけのき》という……とよく書かれていますが、正確には少し違うようです。

本来、鈴懸は、修験者が衣の上に着る麻の法衣のことです。「篠懸《すずかけ》」とも書くように、山路を行く時に、「篠《すず》」、つまり篠竹《すずたけ》に懸かるところから、こう呼ばれるようになったのだそうです。

梵天《ぼんてん》とも呼ばれる、まるい房がついてるのは、「結架裟《ゆいげさ》」の方。ですが、やはり「結架裟の木」という名前より、**鈴懸木**の方が響きがきれいですね。ぶら下がっているまあるい花も、鈴のように見えます。

ほら、初夏のさわやかな風が、街路樹の鈴を鳴らしながら吹き抜けていくような気がしませんか。毎日通う道が、さわやかな花道のように思える瞬間……。いつしか、さっそうとした足取りで歩いている自分に気づくことでしょう。

緋衣草《ひごろもそう》

紫や白の花もあるそうですが、**サルビア**の花といえば、目にも鮮やかな赤を思い浮かべることでしょう。

花も萼《がく》も真っ赤。それを緋色の衣に見立てて、**緋衣草**《ひごろもそう》と呼ばれるようになりました。

緋色は、もともとは、茜《あかね》で染めた、わずかに黄色みを帯びた赤色のこと。でも、音が「火」と同じことから、「火色」、つまり、紅花《べにばな》で染

サルビアの和名
「緋衣草」…シソ科・ブラジル原産・花期　五月〜十月

めた火のような真紅と混同されがちです。

緋衣草の場合もまさに、燃え上がる炎のようなイメージがぴったりの夏の花ですね。

明治の中ごろ、日本にやってきたそうです。

細くのびた花の部分を引き抜いて、蜜《みつ》を吸った経験のある人も多いのではないでしょうか。ほんのり上品な甘さが、口の中に一瞬だけ広がって消えます。ついつい、また吸いたくなってしまうのですが、**緋衣草**にしてみれば、受粉してくれる虫たちのために用意したごちそうなのですから、迷惑な話でしょうね。

ところで、本来「緋の衣」といえば、天皇の許しを得た、位の高い僧だけが着る衣のことです。

これは、ちょっと似合わないようです。しいていえば、故郷ブラジルのサンバの衣装でしょうか。

匂豌豆《においえんどう》

花束にスイートピーを加えると、華やかな、やさしさがあふれます。パステルカラーの蝶々《ちょうちょう》のような花。つる草のやわらかい動きに合わせて、うれしそうに舞い飛んでいるようです。

明治の初めに日本にやってきました。

「スイート」は甘い、「ピー」は豆ということですから、甘い香りを漂わせる豆ということですね。和名も、**麝香豌豆**《じゃこうえんどう》、**匂豌豆**《においえんどう》と呼ばれたそうです。

「麝香」は、麝香鹿の雄の下腹部から得られる香料のこと。いい匂いがするものには、よくこの名前がつけられています。

スイートピーの異和名

「匂豌豆」…マメ科・シチリア島原産・花期　初夏

「豌豆」…マメ科・ヨーロッパ原産・花期　春

豌豆《えんどう》は、漢名をそのまま用いたもの。古名は、**野良豆**《のらまめ》といったそうです。こちらも白や紫の蝶々のような花を咲かせますが、花よりも、「鞘《さや》豌豆」や、「グリーンピース」として、おなじみですね。

紀元前から、すでに栽培されていたといいますから長い長いお付き合いです。エジプトのツタンカーメンの墓から豆が発見され、栽培にも成功しているとか。メンデルが遺伝の法則を発見したのも、**豌豆**を使った実験の成果です。

味よし、形よし、性質よしの**豌豆**。それに、色よし、香りよしが加わった**匂豌豆**は完璧といえますね。それなのに、お高くとまったところのない花は、多くの人に愛されています。

天竺牡丹《てんじくぼたん》

ダリアの和名
「天竺牡丹」…キク科・メキシコ原産・花期　夏
「天竺葵」…フウロソウ科・南アフリカ原産・花期　夏
「牡丹」…ボタン科・中国西北部原産・花期　初夏

天竺《てんじく》とはインドのことですが、ヨーロッパ人が日本にやってきて以来、遠い外国は、すべて天竺と呼んだようです。

南アフリカ原産の**ゼラニウム**を**天竺葵**《てんじくあおい》というのも、同じ理由から。

どちらも、江戸時代の終わりごろ、オランダ船に乗って、日本にやってきたということです。

牡丹《ぼたん》は、中国原産とはいえ、いつ日本に伝わったか定かではないほど古くから栽培されている花です。
古くは、**深見《ふかみ》草《ぐさ》**と呼ばれ、和歌では、思う心や嘆きが深まるという意味をかけて使われました。

牡丹の「丹」は、日本では「に」と読み、赤土のことをいいます。白やピンクの花もあるのですが、やはり、**牡丹**というと、鮮やかな赤という印象だったのですね。**深見草**も、「深丹草」が変化したものではないかという説があるほどです。

百花の王ともいわれる**牡丹**。**ダリア**は、それに匹敵するほどの美しい花だと思われたのでしょう。

次々と園芸品種が生み出され、花の形や色も多種多様。でも、**牡丹**と同じように、鮮やかな赤が心に残ります。

～君と見て　一期の別れ　する時も　ダリヤは紅し　ダリヤは紅し～（北原白秋）

孔雀草《くじゃくそう》

マリーゴールドには、大きく分けて、**フレンチ・マリーゴールド**と**アフリカン・マリーゴールド**の二種類があります。どちらも、原産はメキシコなのですが、世界中に持ち込まれた結果、さまざまな品種が生まれました。

アフリカン・マリーゴールドは大型で、**千寿菊**《せんじゅぎく》、**万寿菊**《まんじゅぎく》という和名で呼ばれます。「寿」だけでも長寿を意味しますが、「千寿」「万寿」は寿命が限りなく長いこと。その名のとおり、大変、花持ちがよいそうです。

花壇などでよく見かけるのは、**フレンチ・マリーゴールド**の方。こちらの和名が**孔雀**《くじゃく》**草**《そう》です。鮮やかな花びらが八重になって咲く様子を、羽根を広げた孔雀に見立てたので

フレンチ・マリーゴールドの和名

「孔雀草」…キク科・メキシコ原産・花期　初夏〜晩夏
「万寿菊」…キク科・メキシコ原産・花期　初夏〜晩夏
「孔雀羊歯」…シダ類ウラボシ科・自生
「波斯菊」…キク科・北アメリカ原産・花期　夏
「白孔雀」…キク科・北アメリカ原産・花期　夏〜秋

しょう。

赤みがかった黄色の花の色から**紅黄草**《こうおうそう》とも呼ばれます。

ところで、ほかにも**孔雀草**と呼ばれる植物がいくつかあります。

まずは、**孔雀羊歯**《くじゃくしだ》。こちらは、日本に自生しているシダ類で、葉が扇状に広がる様子が、羽根を広げた孔雀のようです。

次は、**波斯菊**《ハルシャぎく》。「ハルシャ」は、江戸時代のペルシャの呼び名です。といっても原産地はペルシャとは関係ありません。黄色と茶色の、蛇の目のように咲く花は異国情緒たっぷり。江戸時代の人々にとっては、遠い異国ペルシャを思わせる花だったのでしょう。

紫苑《しおん》の仲間にも**孔雀草**と呼ばれるものがあります。こちらは、白や淡い色の花が多く、**白孔雀**《しろくじゃく》と呼ばれることが多いようです。

とすれば、金色の**フレンチ・マリーゴールド**は、黄金の孔雀ということですね。

阿蘭陀石竹《おらんだせきちく》

今では一年中、花屋さんに並んでいる**カーネーション**。でも、**カーネーション**といえば、やはり、「母の日」のシンボルですね。

十字架にかけられるキリストを見送りながら、涙を流す聖母マリア。その涙の跡に、この**カーネーション**が咲いたといわれています。

日本にやってきたのは、江戸時代。オラン

カーネーションの和名

「阿蘭陀石竹」…ナデシコ科・南ヨーロッパ、西アジア原産・花期　夏

「石竹」…ナデシコ科・中国原産・花期　春～初夏

ダ船に乗ってやってきたところから、**阿蘭陀石竹**《おらんだせきちく》と名づけられました。**西洋石竹**ともいいます。

石竹《せきちく》は、**唐撫子**《からなでしこ》とも呼ばれるように、古くに中国から渡来した撫子の仲間です。平安時代の人々は、ことのほか、その美しさを愛《め》でました。

～見るに猶《なほ》　この世の物と　おぼえぬは　からなでしこの　花にぞ有りける～（和泉式部）

カーネーションにはほかに、**麝香撫子**《じゃこうなでしこ》という名もあります。麝香は、麝香鹿の雄の下腹部から得られる香料のこと。大変よい香りがするそうです。**カーネーション**の香りも、この麝香にたとえられました。

今では、八重咲きのものがほとんどですが、原種は一重咲きだそうです。

万葉時代の**撫子**、平安時代の**石竹**、そして、現代の**カーネーション**……。私たちは、切れ込みが入った花びらを持つ撫子の仲間に、なぜか心惹かれるようですね。**カーネーション**は、国内の切花では、菊に次いで第二位の出荷量を誇る人気者だそうです。

衝羽根朝顔《つくばねあさがお》

✿ペチュニアの和名
「衝羽根朝顔」…ナス科・南アメリカ原産・花期　夏
「朝顔」…ヒルガオ科・アジア原産・花期　夏
「無患子」…ムクロジ科・自生・花期　夏

「衝羽根《つくばね》」とは、羽根つきの羽根、つまり追い羽根のことです。**ペチュニア**は、花の形が**朝顔**に似て、花びらのふちが、ひらひらと追い羽根を思わせるところから、**衝羽根朝顔《つくばねあさがお》**と呼ばれるようになりました。

本当の羽根つきの羽根は、**無患子《むくろじ》**の種に鳥の羽根をつけて作るのだそうです。漢名で**木欒子《もくげんじ》**という別の木があるのですが、それと混同してしまい、「モクゲンジ」→「ムクレニシ」→「ムクロジ」となったとか。でも、「子が患《わずら》わ無い」とも読めるその漢字に、人々は、思いを込めてきたのでしょう。

さて、ご存じ**朝顔**は、夏の風物詩として欠かせない花ですね。奈良時代の終わりか、平安時代に、中国から薬用として渡来したのだそうです。ですから、『万葉集』に詠《よ》まれている「あさがほ」は、桔梗《ききょう》のことだとも、木槿《むくげ》のことだともいわれています。

もともと**朝顔**には、青い花しかなかったので、花を愛でるというより、薬用として栽培されていたとか。やがて品種改良され、さまざまな色の花が咲くようになった江戸時代に、爆発的なブームが起こったといいます。大変早起きで、昼にはしぼんでしまうところが、江戸っ子たちにすがすがしく思われたのでしょうね。

衝羽根朝顔の方も、さまざまな色、しかも八重咲きのものまであります。早起きでは、**朝顔**にはかなわないようですが、昼間も元気な顔を見せてくれています。

覇王樹《はおうじゅ》

サボテンの異和名
「覇王樹」…サボテン科・アメリカ大陸原産・花期　夏

実は、**サボテン**も和名です。語源には諸説ありますが、油汚れをとるのに使ったところから、石鹸、つまり、サボテン（シャボン）に由来するという説が一般的です。たくさんのとげは、葉っぱが変化したものだとか。

この世のものとは思えないほど美しい花を咲かせるものが多いですね。夏の夜、ま

っ白な大輪の花を咲かせ、朝になる前にしぼんでしまう「月下美人」は、その代表でしょう。

仙人掌《せんにんしょう》も**覇王樹**《はおうじゅ》も漢名からきているのですが、**サボテン**に漢字を当てる時は、**仙人掌**の方がよく用いられます。ただ、明治の文豪たちは、**覇王樹**の方を好んで使っていたようです。

大変種類の多い**サボテン**の中で、最初に伝わったのは、「団扇《うちわ》サボテン」に属する「大型宝剣」という品種だとか。**仙人掌**は、これを仙人の手のひらに見立てたものです。

覇王樹という名も、いわくありげですが、由来はわかりません。

～覇王樹《さぼてん》の　くれなゐの花　海のべの　光をうけて　気を発し居り～（斎藤茂吉）

真夏の陽射《ひざ》しをものともせず炎天下でも堂々と生気を放っている姿……。それこそ**覇王樹**の名にふさわしいと思われたのでしょうか。

菩薩花《ぼさつばな》

ハイビスカスといえば、ハワイを連想する方が多いのではないでしょうか。でも、中国やインドが原産地なのだそうです。
もともとは、**芙蓉**《ふよう》の仲間。品種改良が繰り返し行われた結果、今の**ハイビスカス**が生まれたそうです。中でも最も改良が盛んなのが、やはりハワイだということです。
芙蓉も**ハイビスカス**も、一日でしぼんでしまう一日花《いちにちばな》。たしかに芙蓉ははかなげですが、**ハイビスカス**にはそんな印象はありませんね。
漢名では、**仏桑**《ぶっそう》、または**扶桑**《ふそう》。和名は、それに華をつけて、**仏桑華**《ぶっそうげ》、**扶桑華**《ふそうげ》といいます。おもしろいことに、**扶桑**は、日本を指す言葉でもあるのです。

ハイビスカスの異和名
「菩薩花」…アオイ科・インド、中国南部原産・花期　夏〜秋
「芙蓉」…アオイ科・自生・花期　夏

中国の伝説によると、桑に似た**扶桑**という神木が東の海の中にあって、そこが太陽の昇る場所だというのです。やがて、**扶桑**そのものが、太陽を指す言葉になり、中国から見て東の海の中にある日本も、こう呼ばれるようになったということです。

菩薩花と呼ばれる由来はよくわかりませんが、**仏桑華**からの連想ではないでしょうか。

一六一三年、島津家が、徳川家康に献上したという記録が残っているそうです。家康と**ハイビスカス**……。これもおもしろい取り合わせです。初めに書いたように、改良が重ねられているので、家康が見た花がどのようなものかはわかりませんが。もしかしたら鮮やかに輝き続ける菩薩のようだと思ったのかもしれませんね。

秋桜《あきざくら》

コスモスの和名
「秋桜」…キク科・メキシコ原産・花期　秋

コスモスを**秋桜**《あきざくら》ということは、ご存じの方も多いと思います。

花の形、または、たくさんの花が群がって咲く様子が、桜に似ているということで、こう呼ばれるようになったそうです。

今では、秋以外の季節にも咲く品種も出回っているようですが、日本の秋を彩る花といえますね。

実は、日本にやってきたのは新しく、明治の中ごろだといいます。そのわりには、すっかり日本の人々にも、風土にもなじんだようです。

～こすもすよ　強く立てよと　云ひに行く　女の子かな　秋雨の中～（与謝野晶子）

淡くやさしい色あい、楚々とした風情、秋風になびく様子……どれをとっても、いかにも弱々しそうに見えます。

ところが、とっても強く、たくましい生命力を持った花です。

コスモスという名前の由来は、ギリシャ語の秩序、調和、宇宙という言葉からだとか。美しく均整のとれた花の形からの命名だそうです。

もし、宇宙のスケールを持っているのだとしたら、どんな異国の地にも、調和するはずですね。

そんなふうに思えば、私たちも同じ。みんな宇宙の子です。

猩猩木《しょうじょうぼく》

※ **ポインセチアの和名**
「猩猩木」…トウダイグサ科・メキシコ原産・花期　初冬

クリスマスの時期になると、街を彩る**ポインセチア**。

じつは、真ん中の、蘂《しべ》のように見える部分が花です。

大きな花びらのように見えるのは、蕾《つぼみ》を包む「苞《ほう》」という部分。日照時間が短くなってくると、次第に赤く色づいてくるのだそうです。

葉の緑と、鮮やかな赤のコントラストは、寒い時期に、ひときわ、ひきたちますね。

まるで、冬の街の中でも熱く燃えている、恋人たちの胸の想いをあらわしているかのようです。

でも本当は、寒さには弱いのだそうです。霜にあたると枯れてしまうのだとか。

明治時代の中ごろ、日本にやってきました。

その時、ついた名前は、猩猩木《しょうじょうぼく》。

「猩猩」は、今では、中国語でオランウータンのこと。でも、昔は、想像上の動物の名前でした。身体《からだ》中を赤い毛でおおわれた、猿に似た動物だそうです。

そこから、赤い色をしたものには、よく「猩猩」という名前がつけられます。

そうそう、猩猩は、お酒が大好き。ですから、大酒を飲む人のことも、「猩猩」というんですって。「一気飲み」のことは「猩猩飲み」といったそうです。

クリスマスというより、この時期の忘年会の象徴みたいですね。

第二章
恋する草花

～落花流水の情～

水面に落ちた花が、ゆるやかに流れていく情景……。日本人が愛してきた風景のひとつです。気持ちよく水に身をゆだねる花と、それを大切そうに受けとめて導いていく流れ。昔の人は、そこに、互いに心を通わせ合う男女の姿を見たようです。

そして、双方に慕い合う気持ちがあることを、「落花流水の情」といいました。なんと優雅な表現でしょう。

反対に、片思いのことは、「落花情（心）あれども流水意（情）無し」。

そして、二度と元には戻ることのない別れは、「落花枝に返らず、破鏡《はきょう》再び照らさず」といったそうです。

ほかにも、人は、さまざまな恋の想いを、草花に託してきました。実らぬ恋を「徒花《あだばな》」と呼び、恋の花咲く日を夢見ながら……。

いろいろな花の名をひもとく時、それぞれの時の流れに浮かぶ恋模様が、色鮮やかに浮かび上がるようです。

馬酔木《あしび》

「馬酔木」…ツツジ科・自生・花期　早春

「あせび」ともいいます。

馬がこの葉を食べると、酔って、足がなえてしまうのだそうです。

そこから「足癈《あしじひ》」「足撓《あしたわみ》」「足しびれ」などが変化して、「あしび」になったといわれます。

実際、毒を持っていて、昔は、葉を煮出して、殺虫剤に利用したそうです。

おもしろいことに、**馬不食《うまくわず》**とか**鹿不食《しかくわず》**の別名も持っています。馬や鹿たちは、ちゃんと学習したのですね。

万葉人は、この花を大変愛しました。

こぼれるように咲く、鈴蘭に似た白い壺《つぼ》状の花……。それを、あふれる恋の想いや、栄えることの象徴としていたようです。

～わが背子に　わが恋ふらくは　奥山の馬酔木の花の　今盛りなり～（『万葉集』よみ人知らず）

――あなたへの恋心は、人知れず、奥山の馬酔木の花が咲くように、今まっ盛りですよ――

華やかさを好む平安時代になると、ほとんど注目されなくなってしまいます。ところが、近代になって、また人気を取り戻したようです。

複雑な現代社会……。そんな中で**馬酔木**のように素朴な恋も、見直されているのかもしれませんね。

二輪草《にりんそう》

春の喜びにあふれるように、真っ白な花が群がって咲いていきます。花びらはなく、白い花びらに見えるのはじつは萼《がく》なのだそうです。そのせいでしょうか、かえって、素朴で可憐《かれん》な風情を感じます。

一本の茎に、二輪の花を咲かせるから**二輪草《にりんそう》**。

その二輪は、花の大きさに大小があったり、花柄の長さが違ったりしていて、どれも、ほほえましいカップルのように見えます。また、たいてい一方が

「二輪草」…キンポウゲ科・自生・花期　春
「一輪草」…キンポウゲ科・自生・花期　春
「三輪草」…キンポウゲ科・自生・花期　春

早く咲くので、花と蕾《つぼみ》が寄り添っていることもしばしば。

でも、実際には、一輪しか咲かないことも、三輪以上咲くこともあるそうです。

ややこしいのは、一輪草《いちりんそう》という花も三輪草《さんりんそう》という花もあって、どれもよく似ていることです。一**輪草**は一輪しか咲かない場合が多いようですが、三**輪草**も何輪咲くかは決まっていないのだそうです。

これらは、どれも**アネモネ**の仲間。葉っぱの付き方に違いがあるということですが、**一輪草**と二**輪草**が混在して咲いている場合もあったりして、なかなか区別がつかないかもしれません。

でも、こういうのも楽しいですね。一人が二人になったり、二人が三人、四人と増えていったり……。もし一人になったとしても、周りにはたくさん仲間がいます。二**輪草**が群生している様子が、私たちの町に見えてきました。

相思樹《そうしじゅ》

「相思樹」…マメ科・フィリピン原産・花期　春

中国語で「相思」とは、恋すること。恋する樹というわけですね。

その由来は、美しい妻を迎えたがために王に奪い取られて自殺してしまった夫と、その後を追った妻の、悲しい夫婦の物語でした。「夫と一緒に埋めてください」という妻の遺言にもかかわらず、二人は向き合うように埋められてしまいます。すると、それぞれの塚から大きな木が生えてきて、幹を曲げて近づき、下では根を、上では枝をからませ始めました。人々はこの木を**相思樹**《そうしじゅ》と呼ぶようになったということです。

ところが、日本でも、悲しい思い出の樹になってしまいました。

沖縄師範学校女子部と県立第一高等女学校は同じ敷地にあり、その校門前には、みごとな**相思樹**の並木が続いていたそうです。
昭和二十年、卒業式のために作られた『別れの曲』、別名『相思樹の曲』。
～目に親し　相思樹並木　行きかえり　去りがたけれど　夢の如　とき年月の　ゆきにけん　後ぞくやしき～（作詞・太田博　作曲・東風平《こちんだ》恵位）
卒業式に歌われるはずだったこの歌は、彼女たちがこの世に別れを告げる歌となってしまいました。「ひめゆり学徒隊」として参戦し、若い命を散らしていったからです。

今も、「ひめゆりの塔」の傍らには、**相思樹**が祈るように揺れています。
夫婦愛を超え、お互いに平和を相思《あい》う樹として、世界中の人々の心に、どこまでも相思樹並木がつながっていきますように……。

二人静

ふたりしずか

「二人静」…センリョウ科・自生・花期　春
「一人静」…センリョウ科・自生・花期　春

この名前は、世阿弥《ぜあみ》作の能楽『二人静《ふたりしずか》』に由来するといわれます。

若菜摘みに出かけた女に、静御前《しずかごぜん》の霊がのり移り、神職に弔《とむら》いを求めます。舞を所望されて踊り始めると、静御前の亡霊も姿をあらわし、女と添いながら二人で舞うというあらすじです。

静御前は、源義経が愛した女性。当時京都一といわれたほどの白拍子でした。

春も終わるころ、茎の先に花穂《かすい》を二本伸ばして、白いビーズ玉をつないだような花を咲かせる可憐《かれん》な花。これを『二人静』の舞姿になぞらえたというわけです。

ところが、この二**人静**、何本も花穂を出すことがあるそうです。多い時には四～五本にもなるとか。歴史の波に翻弄され、愛する人と引き裂かれた静御前の一生は、こんなにたくさんの亡霊となって出てくるほど、浮かばれないのかもしれません。

一**人静**という花もあります。二**人静**に似ていて、花穂が一本だけなので、こう呼ばれるようになりました。こちらは、たくさんの白糸をひるがえしているような花です。一人で舞っている静御前の姿でしょうか。

どうも、一**人静**の方が華やかに見えて、人気があるようですが、与謝野晶子は歌っています。

～雑草の　二人しづかは　悲しけれ　一つ咲くより　花咲かぬより～

ふたりでいるからこそ辛い……恋は一筋縄ではいきませんね。

勿忘草《わすれなぐさ》

「勿忘草」…ムラサキ科・ヨーロッパ原産・花期　春〜夏
「胡瓜草」…ムラサキ科・自生・花期　春

ドナウ川のほとりに咲いていた小さな瑠璃《るり》色の花。この花を、恋人に摘んであげようとして足を滑らせ、川に流されて亡くなった青年のお話はよく知られるところですね。彼が叫んだ最期の言葉が、そのままこの花の名前になりました。

「私を忘れないで」……。

日本に入ってきたのは、明治時代。ドイツ名 Vergissmeinnicht や英語名 Forget-me-not をそのまま訳し、漢文風にして「忘るること勿《なか》れ」としたわけです。

ところで、日本には昔から、**胡瓜草**《きゅうりぐさ》という花があります。花の大きさが数ミリという小ささなので、気づかれないことが多いかもしれません。でも、よく見ると**勿忘草**《わすれなぐさ》そっくり。花びらの色といい、真ん中の黄色い花芯といい、**勿忘草**をそのまま小さくしたような、愛らしい花です。

葉を採《も》むと胡瓜のような匂いがするので、この名がついたのだといいます。**勿忘草**も、普通なら「大胡瓜草」とでも命名されたところでしょうが、悲しい恋の伝説といっしょに伝わったので、こんなに美しい名前をもらえたのですね。

〜一いろの　枯野の草と　なりにけり　思ひ出ぐさも　わすれな草も〜（与謝野晶子）

草むらに埋もれてしまって、「私を忘れないで」と叫んでいるのは、**胡瓜草**の方かもしれません。

葵

あおい

現在、葵というと、立葵《たちあおい》を指すことが多いようです。初夏、まっすぐ伸びた茎に、次々と花を咲かせていく姿が印象的です。

万葉時代は、どちらかというと、冬葵《ふゆあおい》のことをいったそうです。薬用として用いられたので、栽培もされていたとか。

その後、平安時代から江戸時代にわたって、葵といえば双葉葵《ふたばあおい》を指していました。二つの葉が、向かい合ってつくのでこういうそうです。

「双葉葵」…ウマノスズクサ科・自生・花期　初夏
「立葵」…アオイ科・地中海地方原産・花期　初夏
「冬葵」…アオイ科・アジア亜熱帯地方原産・花期　冬
「向日葵」…キク科・北アメリカ原産・花期　夏

あの徳川家の紋所も、これを図案化したもの。

「葵祭」も、この**双葉葵**を牛車や冠につけたところから、こう呼ばれるようになったのだそうです。

古典表記は、「あふひ」。和歌では、「逢う日」に掛けて詠まれています。

語源も、日を仰ぐところからきているとか。そう、**葵の葉**は、太陽を仰ぎ見て、その動きにつれて傾くのですね。

太陽を追いかけるといえば、まず「ひまわり」を思い出します。太陽につれてまわるのは、花ではなく蕾《つぼみ》だそうですが、この「ひまわり」はキク科なのに、**向日葵**という漢名を当てます。

恋しい人に逢える日を思いながら、空を仰ぐ……。私たちと同じです。

深見草《ふかみぐさ》

ボタン（牡丹）の異称
「深見草」……ボタン科・中国西北部原産・花期　初夏

次第に深まりゆく恋心。そして、思えば思うほどつのる嘆き……。昔の人々は、そんな思いを**深見草**《ふかみぐさ》で表現しました。

～人知れず　思ふ心は　ふかみ草　花咲きてこそ　色に出でけれ～（賀茂重保『千載和歌集』）

深見草は**牡丹**の異称です。

名前の由来はいろいろですが、その中に、渤海《ぼっかい》から伝わったからだという説があります。渤海は、高句麗《こうくり》が滅びたあとにできた国。七世紀の終わりから十世紀の初めにかけて、朝鮮半島北部から中国東北地方を領し、日本とも盛んに貿易が行われていました。

その「渤海」を、日本では「ふかみ」と呼んでいたのだそうです。

ほかに、「深丹《ふかに》草」「賑富草《ふくよかとみぐさ》」「二十日待草《はつかまちぐさ》」などが変化したものという説もあります。こじつけっぽいですが、どれも**牡丹**の特徴をよくとらえていますね。

牡丹の花が咲いているのは二十日ばかり。そこから**二十日草**とも呼ばれるようになりました。

～いかにさくとも二十日くさ、さかりも日数のあるなれば、花の命も限り有り～（『曾我物語』）

二十日とは短すぎるようですが、燃え上がった恋にも限りがあります。**牡丹**にも実がなりますが、次の花を咲かせるために、摘みとられてしまうことが多いそうです。恋人たちの**深見草**にはどうか、すてきな実がなりますように……。

芍薬《しゃくやく》

「芍薬」…ボタン科・中国北部原産　花期　初夏
「牡丹」…ボタン科・中国西北部原産・花期　初夏

牡丹が「百花の王」なら、**芍薬**《しゃくやく》は「花の宰相《さいしょう》」。王の補佐官といったところでしょうか。

花は**牡丹**とよく似ていますが、**牡丹**は木、**芍薬**は草です。

～立てば芍薬、座れば牡丹、歩く姿は百合の花～

横に枝を出す**牡丹**に対して、**芍薬**は茎がすらりと伸びるところから、美しい人の立ち姿にたとえられました。

芍薬は漢名をそのまま用いたもの。名前に「薬」が

ついているように、根は、古くから、婦人病をはじめ、さまざまな効能を持つ薬草として尊ばれてきたそうです。

日本では**夷薬**《えびすぐさ》と呼ばれたのも、遠い異国の地からもたらされた、ありがたい薬だということでしょう。その歴史は古く、平安時代ごろ、日本に伝えられたといわれます。

ところが、和歌の世界では、長らく敬遠されてきました。

『詩経《しきょう》』には、男女が戯れて、結ばれた後に贈る花だとうたわれています。その影響でしょうか、**芍薬**は「別れの花」とされてきました。

一説には、もし身ごもってしまっても、堕《だ》胎《たい》する時に、薬効があるからだとさえいわれます。

上品さと、華やかさを、あわせ持った美しい**芍薬**。もし、別れ際にもらったりしたら、永遠に忘れられなくなってしまいそうな花なのですが……。

定家葛《ていかかずら》

「定家葛」…キョウチクトウ科・自生・花期　初夏

定家葛の「定家」とは、『新古今和歌集』の選者でもあり、『百人一首』を選定したともいわれる歌人、藤原定家のこと。

彼の名前がついたのは、謡曲『定家』に由来するそうです。

式子内親王《しきし》（後白河天皇の第三皇女）との恋に落ちた定家。二人は、深い契りを結んだものの、許されない、身分違いの恋に苦しみます。そんな中、ついに、式子内親王は夭折《ようせつ》してしまいました。すると、定家の執念は、葛に姿を変え、内親王のお墓に巻きついて、片時も離れることがなかったとか……。

その葛が、**定家葛《ていかかずら》**というわけですね。

それ以前は、柾の葛《まさきのかずら》と呼ばれていたそうです。

また、香りがいいので、芳香を放つ植物になぞらえて、**丁字葛**《ちょうじかずら》、**蔓梔**《つるくちなし》とも呼ばれます。

能では、式子内親王の亡霊が、僧侶に救いを求め、定家の執心から解き放ってもらうというお話になっています。

なんともすさまじい定家の恋心ですが、**定家葛**の花は白く、五弁の花びらの端が斜めにねじれて、まるで、小さな風車のよう……。

さわやかな初夏の風に揺れているのを見ていると、もう恋の煩悩は、超越できたのかなと思えてきます。

錦木《にしきぎ》

錦木《にしきぎ》は、日本各地の山野に生える、高さ二メートルほどの落葉樹です。秋の紅葉が錦のように美しいところから、この名がつけられました。その上、枝にはコルク質の「翼《よく》」と呼ばれる部分が四筋あって、大変特徴的です。

ただ、平安時代の和歌に登場する錦木は、この木のことではないそうです。

なんでも、昔、陸奥《むつ》の国では、男性が思いを

「錦木」……ニシキギ科・自生・花期　初夏

告げる代わりに、女性の家の前に、毎日錦木を置いたというのです。

この錦木は、五色に彩った一尺（約三十センチ）ぐらいの枝だといわれます。

女性は、受け入れるときはその枝を家に取り入れ、断る場合はそのままにしておいたのだそうです。

それがなんと、千本が限度というルールがあったというから驚きです。小野小町の許に通い続けて九十九日目に亡くなった深草の少将など、足元にも及びません。

当時の和歌には、こんなのもあります。

～にしきぎの　千束に限り　なかりせば　なほこりずまに　たてましものを～（賀茂重保『千載和歌集』）

――錦木に、千本という制限がなければ、なお懲《こ》りることなく、立てにくるものを――ですって。

百日でも長いと思う私たちと、昔の人とは、こんなにも時間の感じ方が違ったのでしょうか。

小町草《こまちそう》

✿ **ムシトリナデシコ（虫取撫子）の異称**
「小町草」…ナデシコ科・ヨーロッパ南部原産・花期　夏

美女の代名詞ともなった、小野小町。美しいものには、よく彼女の名前がつけられます。

虫取撫子《むしとりなでしこ》にも、**小町草《こまちそう》**という異称がつけられました。

たしかに美しい花を咲かせます。でも、その名の由来は、それだけではなさそうです。

この**小町草**は、茎から粘液を出すので、下から登ってきた蟻《あり》や小さな虫は、くっついてしまい、身動きできなくなってしまいます。でも、食虫植物ではありません。捕まえた虫は、そのまま放置されます。

花を目の前に、なす術もなく空しくなっていく姿は、まるで、あわれな深草の少将のようです。彼は、小野小町に「百夜通い続けたら、あなたのものになる」といわれ、毎日通い続けて、九十九日目に息絶えてしまったのです。

その気もないくせに、虫をおびき寄せたりして……。罪なことをする花だと、昔の人は思ったのかもしれません。

じつは、蟻たちに蜜や花粉を持っていかれないよう、こうやって防いでいるのだそうです。

その証拠に、直接花に飛んでくる蝶や蜂たちは大歓迎。本命のために、大切な蜜や花粉を、少しでもたくさん残しておこうとしているのですね。

そう思うと、一途な花です。

それにしても、もっと上手に「NO」の意思表示ができないものでしょうか。

芹

せり

「芹」…セリ科・自生・花期　夏

春の七草の筆頭に数えられる芹《せり》。古くから今日まで、親しまれ続けている植物ですね。

特に昔は、新年の若菜摘みで、若芽を摘むのがならわしでした。

夏に咲く花も、白いレースのようで、とってもかわいいのですが、やわらかい若芽は、いかにも早春の香り。ですから春の季語になっています。

水辺に生えるので、人々は袖を濡らして摘みました。袖は涙で濡れるもの……。そんな連想から、芹は恋の歌には欠かせない素材になっていきました。

～芹摘みし　昔の水に　袖ぬれて　乾くひまなき　身をいかにせん～（慈円『拾玉集』）

もうひとつ、「芹摘む」という言葉には、深い意味があります。

昔、宮中の庭を掃除する男がいました。ある日、風で御簾《みす》が吹き上げられた瞬間、后《きさき》の姿を垣間見《かいま》て、恋に落ちてしまったそうです。その時后は、芹を召し上がっていたとか。そこで彼は、来る日も来る日も芹を摘んできては、御簾のあたりに置くようになります。とはいえ、いつまでたっても相手にされるはずもありません。ついに彼は焦がれ死んでしまったのだそうです。

この伝説から、「芹摘む」は、かなわない恋をするという意味になりました。

決して高嶺《たかね》の花ではない芹が、かなわぬ恋の象徴だったなんて、おもしろいですね。

たしかに、身近な人に思いが届かなくて悩むことの方が多いのかもしれません。

比翼草《ひよくそう》

「比翼草」…ゴマノハグサ科・自生・花期　夏
「連理草」…マメ科・自生・花期　夏

「比翼の鳥」とは、雌雄それぞれが、翼《つばさ》と目をひとつだけ持っていて、一体にならないと飛べない鳥のことです。

この鳥にちなんだ植物があります。夏、一本の茎から、細長い花柄《かへい》を左右に二本ずつ伸ばし、小さな紫色の花をたくさんつける花。その花穂《かすい》を比翼の翼に見立てて、**比翼草**《ひよくそう》という名前がついたそうです。

～天に在りては願わくは比翼の鳥と作《な》り　地に在りては願わくは連理の枝と為らん～

白楽天の『長恨歌』に歌われた永遠の愛。「比翼連理」と熟語にして、男女の深い結びつきをあらわす言葉になりました。

さて、「連理」は、別々の木の枝が繋《つな》がってひとつになることです。実は、連理草《れんりそう》という名の草もあるのです。こちらも紫色の花。葉が二組ずつ、対をなして並んでいるところを、男女の深い契りにたとえてつけられた名だといいます。どちらかというと、「連理」より「比翼」に近いイメージですね。

比翼草は日当たりのいい山地に、**連理草**は湿地に自生するそうです。今では忘れられたように、ほとんど気づかれずに、花を咲かせては散っていくのでしょう。

「比翼連理」を願う恋人たちも、少なくなったのかもしれません。

懐草《なつかしぐさ》

撫子《なでしこ》は、古くから愛されてきた花です。その語源も、撫《な》でいつくしむ子どものように、かわいい花だから……。

大伴家持《おおとものやかもち》はじめ、万葉の歌人たちは、愛する人をこの可憐《かれん》な花にたとえました。

「懐かしい」という言葉は、「なつく」を形容詞化したもの。もともとは、心が惹かれ、馴《な》れ親しみたい気持ちをあらわす言葉です。まさに、**懐草《なつかしぐさ》**だった

ナデシコ（撫子）の異称
「懐草」…ナデシコ科・自生・花期　夏〜秋
「石竹」…ナデシコ科・中国原産・花期　春〜初夏

のですね。

〜石竹《なでしこ》の　その花にもが　朝な朝な　手に取り持ちて　恋ひぬ日無けむ〜（大伴家持『万葉集』）

平安時代には、**常夏**《とこなつ》という名でも呼ばれるようになります。夏から秋にかけて、長い期間咲き続けることからついた名前です。秋の七草に数えられた**撫子**は、この時代、どちらかというと、夏の花だったというわけです。

常夏の「常」は、「床」に通じます。やはり、恋の歌につながりました。しかも、日葡《にっぽ》辞書には、「比喩《ひゆ》として、ほとんど常にいる、または年齢が同じに見える人についてもいう」とあります。

英語名は、pink。つまりピンク色は、撫子色のことだったのです。

平安時代に中国から渡来した種《しゅ》を、**唐**《から》**撫子**とか**石竹**《せきちく》というようになって、在来種は**大和**《やまと》**撫子**とか**河原**《かわら》**撫子**と呼ばれるようになりました。でも、本来の**大和撫子**は、永遠の乙女のように、かわいくて、誰からも親しまれる元気な花。現代でも、心惹かれる**懐草**ですね。

裏見草《うらみぐさ》

※クズ（葛）の異称
「裏見草」…マメ科・自生・花期　夏

秋の七草のひとつに数えられる**葛**《くず》。万葉の時代から、人々に愛されてきた花です。紫色の美しい花を咲かせますが、万葉人が注目したのは、花ではありません。どこまでも蔓《つる》をのばし、葉を茂らせて繁殖していく、その生命力でした。

～真田葛延《まくずは》ふ　夏野の繁く　かく恋ひば　まことわが命　常ならめやも～（よみ人しらず『万葉集』）

ところが平安時代になると、人々は葉の方を見るようになります。

葛の葉の裏は白っぽく、風にひるがえって、その白さが見え隠れする様子は、心惹かれるものです。そこから、**裏見草**と呼ばれるようになりました。

「裏見」を、恋の「恨み」に掛けて詠んだ歌も多く見られます。

〜秋風の　吹き裏返す　葛の葉の　うらみてもなほ　うらめしきかな〜（平貞文『古今和歌集』）

花が、和歌に詠まれるようになったのは、近代短歌の時代になってからのこと。

〜葛の花　踏みしだかれて、色あたらし。この山道を行きし人あり〜（釈超空）

裏を見ようとする心を捨て、花を愛でるようになって、恋の嘆きや悲しみから解放されたかのようです。

蓼《たで》

「人の好みもいろいろ」という時によく出てくるのが、「蓼《たで》食う虫も好き好《ず》き」ということわざですね。

蓼の語源は「爛《ただ》れ」ではないかといわれます。口や舌がただれてしまいそうなほど辛いから。そして、こんなに辛い葉を食べる虫もいるのです。

ところで、この場合の**蓼**は、**柳蓼**《やなぎたで》と

タデ科の植物の総称

「柳蓼」…タデ科・自生・花期　夏〜秋

「犬蓼」…タデ科・自生・花期　夏〜秋

いう種類を指すそうです。「芽蓼《めたで》」としてお刺身のつまにしたり、蓼酢《たでず》にしたりして、食用に利用されていますす。ということは、人間も、「蓼食う虫」と同類というわけですね。

この**柳蓼**よりもおなじみなのが、**犬蓼**《いぬたで》ではないでしょうか。

「犬」という言葉は、役に立たないとか、本物ではないという時に、接頭語として使われます。犬は不本意でしょうけど、**犬蓼**の「犬」も、**柳蓼**に似ているけど偽物、食用にもならないものという意味です。

別名**赤飯**《あかまんま》、または、**赤**《あか》**の飯**《まんま》。こちらの名前の方が、よく知られているかもしれません。薄紅色の粒々の花をご飯代わりにしてままごとをしたところから、こう呼ばれるようになりました。

今の女の子たちは、めったに**赤飯**で遊ばなくなったかもしれませんが、少なくとも、昔の女の子たちからは、「好き好《ず》き」どころか、もてもての花だったといえるでしょう。

思い草《おもいぐさ》

※ **ナンバンギセル（南蛮煙管）の異称**
「思い草」…ハマウツボ科・自生・花期　秋
「薄」…イネ科・自生・花期　秋

風に揺れる**薄**《すすき》の葉陰で、うつむき加減に咲いている薄紅色の花。まるで、恥じらいながら、恋する人により添っているようです。

昔の人々は、その花を、**思い草**と呼んでいました。

安土《あづち》桃山時代になって、南蛮人（ポルトガル人など）が日本にやってくるようになると、彼らの吸う煙草《たばこ》の煙管《きせる》に似ているということで、**南蛮煙管**《なんばんぎせる》という名前がつきました。

～道の辺《へ》の　尾花が下の　思ひ草　今さら　さらに　何をか思はむ～（よみ人知らず『万葉集』）

尾花《おばな》というのは、**薄**のことです。実は、**思い草**は、**薄**の根から、栄養をもらって生きている「寄生植物」なのです。万葉人もそれをよく知っていたのですね。

薄は、**思い草**に栄養をあげたくらいで枯れるような、やわな植物ではありません。むしろ、ひとりでは生きていけないこの花を、いとおしんでいるようにさえ見えます。**思い草**も、**薄**や茗荷《みょうが》、砂糖黍《きび》など、寄り添う植物は決まっていて、それ以外のところに植えても育ちません。

熱帯地方では、寄生の主に被害を与えてしまうこともあるとか。でも、日本の**思い草**はその辺をちゃんとわきまえているようです。

思うことしかできない**思い草**。でもひたむきに思うだけでも、何かを与えていることになるのではないでしょうか。そんな**思い草**に愛情を注ぐ**薄**。これもひとつのほほえましいカップルに思えます。

思い葉《おもいば》

万緑の季節……。木々の若葉が重なり合って、結ばれたようになっている様子を、**結び葉**《ば》といいます。これは、夏の季語にも入れられている言葉です。

もうひとつ、季語ではありませんが、**思い葉**ともいいました。多くは、恋、それも、相思相愛のたとえに使われたようです。

幾重にもなって、いきいきと揺れる葉っぱたち。その様子をながめながら、昔の恋人たちは、自分たちも、こうありたいと願ったのでしょうね。

でも、恋に限ったことではないかもしれません。

私たちは、「言の葉」を重ね、触れ合わせながら、多くの人々とつながっていきます。

それは、まさしく、**思い葉**の形。

だからこそ、豊かに生い茂る姿を、この目に焼きつけておきたいと思うのです。

花鳥の使い《かちょうのつかい》

もともとは、唐の玄宗《げんそう》皇帝が、後宮《こうきゅう》に天下の美女を集めるために派遣した使者のことを、**花鳥の使い**といったそうです。

～漢皇《かんこう》色を重んじて傾国《けいこく》を思う　御宇《ぎょう》多年求むれども得ず～（白楽天『長恨歌』）

国を傾けるほどの美女をと思って、探し求めたけれども得られなかった……。その結果が、「後宮《こうきゅう》の佳麗《かれい》（＝美女）三千人」だそうです。

やがて日本でも、文を持って恋の仲立ちをする人のことを、こう呼ぶようになりました。昔は、恋文をことづけることから、恋が始まっていくことが多かったのですね。

ところで、「花鳥風月」というと、美しい自然の代表です。日本人は、それらを愛でることを風流とし、大切にしてきました。

特に恋をすると心が繊細になって、自然のささやかなことにまで心を動かされるものですね。

なかでも花と鳥は命あるもの。花は花なりに、鳥は鳥なりに恋をし、生を営み続けているわけです。花や鳥がもっと身近だった時代、人々は、そんな花や鳥を見るにつけ、自分たちになぞらえたり、恋のアドバイスを得たりしてきました。

心をやさしい気持ちにしてくれたり、素直な気持ちにしてくれたり、ロマンティックなムードを演出してくれたり……。本物の花や鳥は、こんなふうにして恋の仲立ちをしてくれているのかもしれません。現代の**花鳥の使い**をもっと見直してみてはいかがでしょう。

恋草《こいぐさ》

恋草は、恋そのものを、ずばり草にたとえた言葉です。

恋の想いを特定の草花にたとえることもよくありますが、この場合は、身近に生えている草をまとめて指しています。募る恋心、それは、あたかも生い茂っていく草のようだというわけです。

〜恋草を　力車に　七車《ななぐるま》　積みて恋ふらく　わが心から〜（広河女王《ひろかわのおおきみ》『万葉集』）

こんなふうにうたえるなんて、万葉の女性は、なんとストレートで屈託がないのでしょう。

その根源は、豊かな心の土壌なのかもしれませんね。なんといっても、大きな車に七台分もの**恋草**を育《はぐく》むことができるのですから。

しかも、「わが心から」……「ほかならぬ私が愛したのよ」といい切っています。小気味いいくらいの潔さ。きっとその魅力と自信に、太陽も惜しみなく光を降りそそぐことでしょう。そして、ますますいきいきと、**恋草**が茂っていくのでしょう。

第三章

瓜ふたつの草花

～瓜《うり》ふたつ～

～瓜食《うりは》めば　子ども思ほゆ　栗食《くりは》めば　まして思《しの》はゆ　何処《いづく》より　来《きた》りしものそ　眼交《まなかひ》に　もとな懸《かか》りて　安眠《やすい》し寝《な》さぬ～（山上憶良『万葉集』）

古くは、瓜といえば、「真桑瓜《まくわうり》」のことを指したそうです。昔の子どもたちは、きっとこの瓜が大好きだったのでしょう。

万葉のころから親しまれてきたとあって、ことわざにも瓜がよく出てきます。中でも瓜ふたつは、今でもよく使われますね。きちんといえば、「瓜をふたつに割ったよう」。ふたつに割った瓜がそっくりなように、どちらも大変に似かよっていることをこう表現したわけです。

植物の中には、瓜ふたつとまではいかなくても、何かによく似ているという発想からつけられた名前がたくさんあります。思えば私たちも、あだ名をつける時、そんなふうに考える場合が多いのではないでしょうか。

誰かに似ている、ものに似ている、ほかの動物に似ている、そして、ほかの植物に似ている……。昔の人が、どんなところに注目して見ていたのか、想像するだけでも、楽しくなってきませんか。

大犬陰嚢《おおいぬのふぐり》

「大犬陰嚢」…ゴマノハグサ科・ヨーロッパ原産・花期　早春〜初夏
「犬陰嚢」…ゴマノハグサ科・自生・花期　春

春先の地面をいち早く、瑠璃《るり》色におおいつくす小さな花。日本中どこででも見られるので、すっかりおなじみですね。

じつは、明治時代に日本にやってきた帰化植物。旺盛《おうせい》な繁殖力で、またたく間に全国に広がったのだそうです。

それにしても、こんなに小さな花なのに、どうして「大犬」なのでしょう。

もともと日本には、**犬陰嚢**《いぬのふぐり》という花がありました。その**犬陰嚢**よりも大きいので、**大犬陰嚢**という名前がついたというわけです。残念ながら、在来種の**犬陰嚢**は、**大犬陰嚢**におされて、すっかり見かけなくなってしまいました。

私たちは、かわいい花ばかりに目がいって、その後にできる実にはほとんど気づきません。でも、昔の人々は、実の方に注目したようです。その形が、犬の陰嚢に似ているということで、こんな名前がついてしまいました。

この花にもっとふさわしい名前をつけてあげようという試みも、何度かありました。**犬陰嚢**が別名**天人唐草**《てんにんからくさ》というところから、**瑠璃唐草**《るり》。ほかにも、**瑠璃鍬形**《くわがた》、星の瞳……。しかし、どれも定着しなかったようです。

なんといっても、一度知ってしまったら忘れられないインパクトの強い名前ですものね。古語とはいえ、堂々と人前で口にするのもめったにないことですから、このまま残り続けるような気がします。

三味線草《しゃみせんぐさ》

ナズナ（薺）の異称
「三味線草」…アブラナ科・自生・花期　春

ぺんぺん草と呼ぶ方が、ぴんとくるのではないでしょうか。

茎から柄を伸ばし、独特の形をした実をたくさんつけます。これが、三味線の撥《ばち》にそっくりだということで、**三味線草**《しゃみせんぐさ》と呼ばれるようになりました。

三味線を奏でる音から、**ぺんぺん草**。こう呼ぶと、どこにでもある雑草という感じがしますね。実際、「ぺんぺん草が生える」といえば、荒れ果てた家や土地のたとえになります。ですが、古くは天皇の食卓にのぼるほど、好んで食べられた草だそうです。

正式名の薺《なずな》の由来にはいろいろな説がありますが、そのひとつが「撫菜《なでな》」。撫でたくなるほどいつくしむ菜っぱだったということです。

~君がため　夜ごしにつめる　七草の　なづなの花を　見てしのびませ~（源俊頼）

春の七草にもかぞえられ、『枕草子』にも、「いとをかし」とする草のひとつにあげられています。

子どものころ、この薺を耳元で鳴らして遊びませんでしたか。

実がついた柄を、少しずつ下に裂いていって振り鳴らします。三味線の音が聞こえるということでしたが、「ペンペン」ではなく、「シャラシャラ」と懐かしい音がしました。

実の形をよく見るとハート形。そういえば、赤ちゃんの時に聞いた、ガラガラの音に似ているような気がします。

堅香子《かたかご》

❀ カタクリの古名
「堅香子」…ユリ科・自生・花期　春

『万葉集』にも登場する**堅香子**《かたかご》の花。**片栗**《かたくり》の古名として知られています。その名の由来はいろいろありますが、傾いた籠《かご》のように、花が下向きに咲くからという説が有力です。

慎ましさをたたえて、うつむき加減に咲いている姿。でも、上に反り返った薄紅色の花びらからは、春を迎えた喜びがあふれ出ているような気がします。

昔は、この**堅香子**の地下茎《ちかけい》から、良質のでんぷんをとっていました。いわゆる「片栗粉」ですね。

今では、すっかり少なくなってしまって、現在「片栗粉」として売られているのは、ほとんどジャガイモのでんぷんだそうです。

この**堅香子**、芽を出すまでに、七、八年かかるのだとか。

芽を出すと、その春のうちに花を咲かせます。そして、枯れるとまた次の春まで、地上からすっかり姿を消すのだそうです。

花が咲いている期間は、一カ月あまり。

そのため、ヨーロッパでは、「スプリング・エフェメラル（春のはかない命）」と呼ばれているそうです。

もし**堅香子**の花を見つけたら、思い出してあげたいですね。長い間、真っ暗な土の中で、夢を見続けて、やっと咲かせた花だということを。

花大根《はなだいこん》

大根は、もともと「おおね」といったそうです。この漢字を当てるようになって、いつしか音読みされ、「だいこん」になったのだとか。

原産地については異説もありますが、『古事記』や『日本書紀』に登場しているほどですから、かなり古い時期に日本に入ってきたのでしょう。

この大根の花によく似ているのが**花大根**《はなだいこん》。といっても、**大根**の花は白ですが、この花はすみれ色です。

ほかにも、たくさんの異名を持っています。

「花大根」…アブラナ科・中国原産・花期　春
「大根」…アブラナ科・中央アジア原産・花期　春

食べられるところから、**紫花菜《むらさきはなな》**。

紫羅欄花《あらせいとう》（＝**ストック**）より大きいので、**大紫羅欄花**。

黄色いおしべを金色に見立てて、**紫金草《しきんそう》**。

中国・三国時代の軍師、諸葛孔明《しょかつこうめい》が、野菜不足を補うために育てたことから、**諸葛菜《しょかつさい》**。

観賞用として栽培されたこともあるそうですが、今では、野生化しつつあるとか。

もう、食用にも観賞用にもされなくなって、たくさんある名前さえ、人々の記憶から薄れてきているようです。

春の光の中で、のびのびと咲く**花大根**。きっとこんなふうに思っているのではないでしょうか。

〜人見るもよし　人見ざるもよし　我は咲くなり〜（武者小路《むしやのこうじ》実篤《さねあつ》）

苧環

おだまき

「苧環」…キンポウゲ科・自生・花期　春〜初夏

「苧《お》」は、「からむし」という植物のことです。茎の繊維から織物を作るのに用いられました。「環《たまき》」は「手巻き」のこと。つまり、苧などの糸を巻いたものを「苧環《おだまき》」といいました。

「苧環」は、空洞の筒のようになっています。その形に花が似ているということで、苧《お》環《だまき》という名がついたのだそうです。

うつむいて咲いている花の付け根には、「距《きょ》」という尻尾のような部分が五本立っています。その姿は、巻いた糸の方より、糸巻きの枠《わく》の方によく似ています。「苧環」と枠とを混同してしまったのかもしれません。

糸繰草《いとくりそう》ともいいます。

～しづやしづ　賤《しづ》のをだまき　繰り返し　昔を今に　なすよしもがな～（静御前）

静御前は、源頼朝の前で、堂々と義経を慕う想いを歌に託して舞いました。

「賤」という字を当てていますが、「倭文《しづ》」という古代の織物のことです。この倭文を織るために、苧環から糸を繰り出していったというわけです。

実は、この歌には元歌があります。

～いにしへの　しづのをだまき　繰りかへし　昔を今に　なすよしも哉～（『伊勢物語』）

昔を今にもどす術《すべ》はありません。でも、そう思えるほどの美しい思い出で、人は自分の一生をつむいでいくのでしょう。苧環から繰り出す糸のように……。

折鶴蘭《おりづるらん》

折り紙で鶴を折った経験は、みなさん、おありだと思います。

神聖でめでたい鳥とされた鶴を、紙を折りながら作っていく……。ただ形にするだけでなく、人々はそこに祈《いの》りも折り込めてきました。

千羽折って糸でつないだ「千羽鶴」は、その想いが最もあらわれているものですね。

「折鶴蘭」…ユリ科・南アフリカ原産・花期　春〜夏

この折鶴、手から手へと伝えられてきたわけですから、その起源はよくわかりません。でも、江戸時代には、すでに広まっていたようです。『秘傳千羽鶴折形』という書物も残っていて、そこには、一枚の紙から、何連にも連なった折鶴を折る方法が紹介されています。

そんな折鶴になぞらえた植物があります。その名も**折鶴蘭**《おりづるらん》。「蘭」とついていますが、ラン科ではなく、ユリ科の植物です。

観葉植物として、よく鉢植えにされているので、ご存じの方も多いでしょう。

美しい葉の間から細長い枝を伸ばし、先端に次々と小さな葉を出します。その姿はなるほど、折鶴に似ています。

日本で生まれ、育《はぐく》まれてきたといわれる折鶴ですが、この**折鶴蘭**は、南アフリカ生まれ。でも南国の花には珍しく、白く楚々とした目立たない花を咲かせます。その風情がまた折鶴にふさわしく思えます。

新しい葉は、子株となってどんどん増えていきます。その旺盛な繁殖力は、まるで、千羽鶴を目指しているかのようです。

十二単《じゅうにひとえ》

「十二単」…シソ科・自生・花期　春

「十二単《ひとえ》」は公家の女性の正装です。必ず十二領《りょう》とは決まっていないそうですが、幾重にも重なった衣の色が美しく出て、大変優美な衣装です。

色の取り合わせは襲《かさね》と呼ばれ、季節によって決まりがありました。

そして、その配色にも美しい名前がつけられました。「紅梅襲《こうばいがさね》」「卯《う》の花襲」「山吹襲」……ほとんどが草花の名前です。自然の風情を身につけ、季節をまとう……そんなおしゃれを楽しんでいたのでしょうね。色目の選び方は、人柄や教養をみるものとしても重視されていたそうです。当時の人の自然や草花を見る目が繊細になっていったのも、当然かもしれません。

そんな十二単《じゅうにひとえ》という名前の花。どんなに絢爛《けんらん》豪華な花かと思いきや……。花の色目も淡い薄紫色一色。草丈《くさたけ》十五～二十センチぐらいの意外と地味な花です。

名前の由来は、いくつもの花が重なって穂のように咲くからだとか。群生している場所で、花の盛りを横から見ると、十二単の趣もわからないではありません。それにしても、豪華な園芸植物ではなく、野の花の名前だというところがおもしろいですね。

お屋敷の奥で、さまざまな束縛を感じながら生活していた女性たち。十二単をまといながらも、野の花にあこがれる気持ちもあったことでしょう。

そんな想いがかなったかのように、春風に吹かれて十二単の花が揺れています。

踊子草《おどりこそう》

「踊子草」…シソ科・自生・花期　初夏
「姫踊子草」…シソ科・ヨーロッパ原産・花期　春

「踊子」と聞くと、どんな格好で踊っている姿を想像するでしょうか？

この花の場合は、笠をかぶって踊っている、着物姿の踊り子たちです。葉の付け根に集まるように、輪になって咲いている薄桃色の花。よく見ると、本当に、みんなで袖を振り振り踊っているように見えます。華やかなお祭りが思い浮かぶよう……。

白い花の場合もあります。こちらは、幻想的な踊りですね。

緋衣草《ひごろもそう》と同じように、花を抜き取って、甘い蜜を吸った思い出がある人もいるのではないでしょうか。

ところで現在、この踊子草《おどりこそう》よりもっと私たちの身近にいるのが、姫踊子草《ひめおどりこそう》だと思います。踊子草の仲間ですが、ずっと小さいので「姫」がついたというわけです。

とってもみやびな名前がつきましたが、明治の中ごろ、ヨーロッパから入ってきた帰化植物。今では日本中に広がって、よく空き地などを覆いつくすように咲いているのを見かけます。

重なった葉の上の方が茶色くなっているので、全体的にくすんだ印象です。和服姿の踊り子からはちょっとかけ離れたイメージなのですが、いったい、どんな踊りを踊っているのでしょうか。現代風に、洗いざらしのTシャツとジーパンで、ストリートダンス……といった感じかもしれませんね。

敦盛草《あつもりそう》

「敦盛草」…ラン科・自生・花期　初夏
「熊谷草」…ラン科・自生・花期　春

十六歳の美少年、おまけに、笛の名手だった平敦盛。『平家物語』の「敦盛最期」は、あわれを誘う場面として、長く人々に語り継がれてきました。

沖の船を目指して馬を泳がせかけた時、「敵に後ろを見せるのか」という声に、引き返して堂々と戦った敦盛。彼のまっすぐな気性に心惹かれた昔の人は、花にも彼の名前をつけました。

敦盛草《あつもりそう》……。その大きな袋のような花を見て、彼が背負っていた母衣《ほろ》を連想したようです。母衣は、当時の武将たちが背にかけていた大きくふくらむ布のこと。流れ矢を防ぎ、自分の存在を目立たせるためのものでした。

敦盛を討ち取った熊谷直実《くまがいなおざね》も、花の名前になっています。こちらは**熊谷《くまがい》草**。平家の赤旗、源氏の白旗にちなんでか、**敦盛草**は赤っぽく、**熊谷草**は白っぽい花になっています。

敦盛草の別名は**延命小袋《えんめいこぶくろ》**。福の神が持っている宝のひとつ「延命袋」に、花の形が似ていることからついた名前です。

はかなく散った敦盛に、長生きさせてあげたかったという思いが託されているのかもしれませんね。

ところが、この**敦盛草**も**熊谷草**も、今では絶滅危惧種だとか。もう滅びゆく運命を味わわせたくはないと思うばかりです。

山法師《やまぼうし》

「山法師」…ミズキ科・自生・花期　初夏
「花水木」…ミズキ科・北アメリカ原産・花期　初夏

ひらひらと風に揺れる、真っ白な四枚の花びら……。でも、これは花びらではなく、総苞《そうほう》と呼ばれる部分だそうです。総苞とは、蕾《つぼみ》を包むために葉が変形したもの。そして真ん中のまあるい緑色の部分が、本当の花なのだそうです。

そのまあるい花をお坊さんの頭に、まわりの白い総苞を頭巾《ずきん》に見立てて、**山法師**《やまぼうし》という名前がつきました。

花の後には、野いちごのような、真っ赤な実がぶら下がります。食用にもなり、桑《くわ》の実にも似ているので、**山桑**《やまぐわ》とも

も呼ばれます。

この**山法師**によく似ているのが、**花水木**です。

一九一二年、当時の東京市が、ワシントンに桜を贈ったお返しに、この花をもらったのだそうです。

アメリカ合衆国を代表する花のひとつだということで、初めは、**アメリカ山法師**と呼ばれていました。

山法師と違って、葉が出る前に花が咲くので華やかな印象です。

今では、街路樹や庭木として、よく植えられていますね。こちらの方が、すっかり馴染み深い花になりました。

その上、**花水木**という美しい名前をもらって、ますます親しまれるようになったような気がします。

きっと、改名を喜んでいることでしょう。アメリカの山に住む僧侶という感じではありませんものね。

鷺草
さぎそう

「鷺草」…ラン科・自生・花期　夏

この花の命名に異論のある人はいないのでしょう。

真っ白な翼を広げて、舞い降りようとしている白鷺《しらさぎ》……。その姿そのままの美しさで、咲いています。

ところで、白鷺という名前の鳥はいないのだそうです。白い鷺は、大鷺《だいさぎ》、中鷺《ちゅうさぎ》、小鷺《こさぎ》と分類され、その総称が白鷺ということだそうです。

「雪客《せっかく》」といえば鷺のこと。鷺の中には、青鷺や五位《ごい》鷺、黒鷺など、白くないものも多いのですが、まず思い浮かべるのが、白鷺の姿なのでしょうね。

昔は、鳥の鷺たちも、花の**鷺草**《さぎそう》も、身のまわりで普通に見かけたものだそうです。

白鷺はまだ田園地帯などに行くと見かけますが、**鷺草**はすっかり見かけなくなってしまいました。現在、野生のものは絶滅寸前だそうです。環境の変化もありますが、業者や愛好家が根こそぎ持っていくことが大きな原因だと聞きました。

可憐《かれん》な姿を見ると、思わず自分のそばに置いておきたいと思ってしまうのかもしれません。でも野の花は、野にあるから美しい。その空も空気も含めた野原ごと、野の花の美しさなのだと思います。

壊すことは簡単。でも一度失われたものは、二度と元には戻らないのです。

かつて日本には、朱鷺《とき》や鸛《こうのとり》が舞い飛ぶ空がありました。**鷺草**が群れ咲く野原がありました。

金魚草《きんぎょそう》

花が金魚によく似ているから、金魚草《きんぎょそう》。これも異論のないところだと思います。

その上、花の筒になっている部分を押さえたり放したりすると、口をぱくぱく開いたり閉じたりします。そこがまた、金魚らしいですね。

金魚は、鮒《ふな》を観賞用に品種改良した魚です。中国から日本に伝わったのは、室町時代の末期といわれています。それか

「金魚草」…ゴマノハグサ科・地中海沿岸
原産・花期　夏

ら、日本でも、改良が加えられてきました。

金魚売りの声、まあるいガラスの金魚鉢などは、あまり見かけなくなってしまいましたが、それでも、夏の風物詩として、愛され、親しまれ続けている魚ですね。

金魚草も、夏の花です。

日本に初めて伝わったのは、江戸時代の終わりごろ。園芸品種として、こちらも、どんどん改良されてきました。

金魚にさまざまな種類や色があるのと同じように、**金魚草**にもいろいろな形や色の花があります。真っ赤な品種は、尾ひれを優雅に動かして泳いでいる琉金《りゅうきん》そっくり。

金魚も、老いて白っぽく色が変わると、「銀魚」と呼ばれるそうですから、白い花は「銀魚草」ということになるのでしょうか。

か弱そうに見えますが、本当はとっても長生きの金魚、そして切花に鉢植えに花壇にと、重宝される**金魚草**。夏に元気をくれるという点でも似ています。

蛍袋《ほたるぶくろ》

「蛍袋」…キキョウ科・自生・花期　夏〜秋

山の斜面などに、うつむき加減に揺れている、釣鐘《つりがね》型の花。

図鑑などには、「子どもたちが蛍を捕まえて、この花の中に入れたので**蛍袋**《ほたるぶくろ》という」と書かれています。


なるほど、蛍を捕まえてこの花の中に入れれば、さぞかし幻想的なことでしょう。

今では、栽培されていることも多いので、それも可能ですが、本来は、蛍が飛び交うような場所に、**蛍袋**は自生していないのだそうです。蛍が飛ぶのは水辺。**蛍袋**が生えるのは日当たりのいい山の斜面など。ということで、この説には、疑問をさしはさむ人が多いようです。

花の形から、別名**釣鐘草《つりがねそう》**、**風鈴草《ふうりんそう》**、そして**提灯花《ちょうちんばな》**。

提灯のことを、古くは「火《ほ》垂《たる》袋」ともいったそうですから、名前の由来としてはこちらの方が正しいのかもしれません。

ところで、山梨県には、「蛍提灯《ほたるちょうちん》」という風習が伝わっているそうです。

提灯の中に、蠟燭《ろうそく》の代わりに蛍を入れて、お墓参りに行くのだそうです。蛍は亡くなった人の魂。お参りを終えた時に、また放すのだとか。

ぼんやりと照らす蛍の灯《あか》りは、遠い日の懐かしい思い出のようです。そして、**蛍袋**の花は、そんな人々を、偲《しの》んで咲いている姿のように思えます。

風蝶草《ふうちょうそう》

「西洋風蝶草」…フウチョウソウ科・熱帯アメリカ原産・花期 夏〜秋
「風蝶草」…フウチョウソウ科・西インド諸島原産・花期 夏
「胡蝶蘭」…ラン科・東南アジア原産・花期 冬〜初夏
「羽蝶蘭」…ラン科・自生・花期 夏

風に舞う蝶のような花の姿……そこから、**風蝶草**《ふうちようそう》という名がつけられました。白い羽のような花びらと、触角《しょっかく》のように長く突き出た雄しべが特徴です。ところで、この**風蝶草**、現在日本では、ほとんど栽培されていないのだそうです。

その代わり、明治初期に入ってきた**西洋風蝶草**が日本中に広まって、**風蝶草**といえば、こちらを指すようになりました。夏の季語にも入れられています。

最近では、**クレオメ**と呼ばれることも多いようですね。

白だけでなく、ピンクや紫の花びらも交じって、より華やかな雰囲気です。もともとの**風蝶草**が、お酒に酔ったとみたのでしょうか、**酔蝶花**《すいちょうか》ともいうそうです。

蝶に見立てた花は、ほかにもありますね。

高価な贈り物としても、よく利用される**胡蝶蘭**《こちょうらん》。こちらは、白い羽をまあるく広げた、華麗な蝶です。

羽蝶蘭《はちょうらん》は、山地の岩場にひっそりと咲く、薄紅や薄紫の小さな蝶々。これも野生種は、絶滅が危惧されているそうです。

蝶は「夢見鳥」ともいいます。

蝶に似た花たちも、蝶よ花よと育てられるより、いつか本当の蝶になって、自由に舞い飛ぶ日を夢見て咲いているような気がします。

芙蓉

ふよう

「芙蓉」…アオイ科・自生・花期　夏〜秋
「蓮」…スイレン科・自生・花期　夏

「蓮」「荷」「芙」……。どれも、スイレン科の植物「はす」をあらわす漢字です。いかに、中国で愛されてきたかが、うかがえますね。

芙蓉《ふよう》も、**蓮**《はす》の花のことです。

白楽天は、『長恨歌』の中で、楊貴妃の美しさを、この**芙蓉**という言葉でたたえました。

蓮とよく似た花を咲かせる木ということで、**木芙蓉**《もくふよう》と呼ばれたのが、現在、私たちが、**芙蓉**と呼んでいる木です。

少しややこしいですが、**芙蓉**も、**蓮**に劣らぬ清らかさと気品を、備えています。しかも、朝開いた花が、一日でしぼんでしまうというはかなさで、人々を魅了してきました。

そんな芙蓉の品種のひとつに、酔芙蓉《すいふよう》があります。

朝は、純白の花……。それが、次第に紅をさし、夕方には赤くなって、閉じていくのです。まるで、美女がお酒に酔っていくようで、なんともいえない色っぽさです。

小説『風の盆恋歌』（高橋治著）で紹介されて以来、「おわら風の盆」の舞台、富山県八尾《やつお》町は酔芙蓉でも有名になりました。

「風の盆」も酔芙蓉も、幻想的な雰囲気と、それを守り伝えている人々のあたたかさが不思議と溶け合って、何ともいえない魅力をかもし出しています。

杜鵑草《ほととぎす》

「杜鵑草」…ユリ科・自生・花期　夏〜秋

「杜鵑《ほととぎす》」といえば、初夏を代表する鳥。『万葉集』にも数多く詠まれ、鳥の中ではナンバーワンの人気者です。

その杜鵑とまったく同じ名前の花があります。

どこが似ているのかというと、杜鵑の胸の模様。なるほど、紫のまだら模様がそっくりです。

『大和本草《ほんぞう》』には、「杜鵑の羽の紋に似たり、絞り染めの如し」と説明しています。

杜鵑、不如帰、子規、郭公、時鳥……。さまざまに書きあらわされる「ホトトギス」ですが、この花の場合は**杜鵑草**と書くことが多いようです。

「鵑」だけでもホトトギスをあらわす漢字なのですが、中国の蜀《しょく》の王、杜宇《とう》が亡くなってホトトギスになったという伝説から、彼の姓をとって「杜鵑」と書くのだとか。それに「草」をつけるので、読みは同じでも、漢字にすると区別がつきますね。

杜鵑は、初夏、日本にやってきて、秋には南の方に飛んでいく渡り鳥。もちろん夏の季語です。

ところが花の方は、秋の季語。だいたい八月の終わりごろから咲き始めます。

「啼《な》いて血を吐くほととぎす」といわれるように、真っ赤な口の奥を見せて鳴き続ける姿には、悲壮感さえ漂います。でも鳴かない**杜鵑草**の花は、穏やかそのもの。まるで、飛び去ったあとの面影のように、山の斜面で揺れています。

鶏頭《けいとう》

「鶏頭」…ヒユ科・熱帯アジア原産・花期　秋

子どものころ、まるで毛糸で編んだみたいな花だから、「けいと」というのだと思っていました。

漢字で書けば、よくわかりますね。鶏の鶏冠《とさか》に似ているから**鶏頭**《けいとう》。別名**鶏冠草**《とさかぐさ》ともいうそうです。

鶏冠に似た部分は、変形した茎だとか。その両面に小さな赤い花が、びっしりついて、ふかふかの鶏冠ができているというわけです。

日本へは、中国を通して、奈良時代に伝わったといわれています。

そのころは、**韓藍**《からあい》と呼ばれていました。当時は、染料一般のことを「藍」といっていたのだそうです。つまり、この**鶏頭**の花の汁で、布などを染めていたということですね。

『万葉集』にも登場します。

～わが屋戸に　韓藍蒔《ま》き生し　枯れぬれど　懲《こ》りずてまたも　蒔かむとそ思ふ～（山部赤人）

山部赤人は、種を蒔いて、**鶏頭**を育てていたのですね。枯れてもまた、蒔くといっています。燃えるように赤い**鶏頭**の花……。それは、心に秘めた情熱の比喩《ひゆ》でもあるのでしょうか。

～鶏頭や　雁の来る時　尚あかし～（松尾芭蕉《ばしょう》）

秋風が吹いても、ますます鮮やかさを増す、そんな**鶏頭**の花です。

第四章
暮らしの中の草花

～身過《みす》ぎ世過《よす》ぎは草の種～

「身過ぎ」も「世過ぎ」も、生活していくための手立てのこと。いわゆる「生計」のことですね。

暮らしをいとなむ手段は、草の種のように多いという意味です。

「生業《すぎわい》は草の種」「商いは草の種」など、同じようなことわざも多いようです。

「何とかなるさ」……人々は、草を見、種を見るにつけ、そう思いながら生きてきたのかもしれません。

「種」の語源は「田根《たね》」ではないかといわれています。「根」はすべてのもとになるものという意味。稲作を基盤として生きてきたことのあらわれですね。

おのずと、植物とのかかわりも多くなります。そして暮らしの中にも、さまざまな植物を活かしてきました。

植物の中には、昔の人々の衣食住や生活観をうかがわせる名前がついているものもたくさんあります。

そんな名前をひもといて、昔の人々の暮らしぶりを偲んでみましょうか。

「草の種」からすれば、ほんの一部ですけれど……。

梓

あずさ

ヨグソミネバリ（夜糞峰榛）の異称
「梓」…カバノキ科・自生・花期　春

梓《あずさ》は材質が硬く丈夫なので、さまざまに利用されてきました。昔はこの木で弓を作ったのだそうです。その「梓弓」は、「ひく」「はる」「いる」などにかかる枕詞《まくらことば》として、和歌にも多く詠まれています。

手紙を運ぶ使者は、目印として梓の杖を持っていたそうですし、古代中国では、この木を版木に使ったそうです。今でも出版のことを「上梓《じょうし》」というのは、このことに由来するというわけですね。

葉や枝が房のように集まるところから、「厚房」。これが変化して「あずさ」になったのではないかといわれています。

ところで、**梓**という木は、現代の植物分類上はないそうです。**木豇豆**（きささげ）とか**赤芽柏**（あかめがしわ）ではないかという説もあったのですが、現在では、**夜糞峰榛**（よぐそみねばり）だということに落ち着きました。正倉院の梓弓も、やはりこの木でできていることが証明されているそうです。

それにしても、漢字で書くとひどい名前ですね。枝を切ると、サリチル酸メチルの匂いがするのだそうです。これは、肩こりや筋肉痛のときに塗る薬の匂い。決して夜糞のような臭さではないのに……。

そこで、**水芽**（みずめ）と呼ばれたりもしています。

どこでどう変わってしまったのか、今となってはわかりませんが、もとの**梓**という名前が懐かしく思われます。

宿木

やどりぎ

「宿木」…ヤドリギ科・自生・花期　晩春

宿木《やどりぎ》は、大地に根をはらず、ほかの木に寄生して生きています。厳密にいえば、自分でも光合成をして、半分は自活しているので、「半寄生植物」というそうです。

寄生する木は、榎《えのき》、栗《くり》、桜などの落葉樹。ですから、冬になってそれらの木が葉を落としてしまっても、自分だけはちゃっかりと緑を保っているのです。

そんな**宿木**を見て、昔の人々は、不思議な力を持っている植物だと思ったようです。

万葉の時代には、「ほよ」と呼ばれていました。

〜あしひきの　山の木末《こぬれ》の　寄生木《ほよ》取りて　挿頭《かざ》しつらくは　千年《ちとせ》寿《ほ》くとぞ〜（大伴家持『万葉集』）

宿木を髪に挿すのは、千年の長寿を祈ってのことだといっています。また、神の依代《よりしろ》、つまり、神様が降りてくる場所だとも思ったようです。

それに比べると、現代ではだいぶん、**宿木**に対するイメージが変わってきたようです。他人に頼って生きていく人のたとえに使われるように、神の存在からは遠くなりました。宿木の実態がわかってきたからでしょう。

ふと、私たちも、地球の「宿木」のような気がしてきました。

宿木が、冬でも青々していられるのは、宿主、つまり、宿っている樹木のおかげ。その木が枯れてしまえば、**宿木**も生きてはいけないのです。

都草

みやこぐさ

「都草」…マメ科・自生・花期　初夏

松も都草《みやこぐさ》という異称を持っています。
でも、一般にいう都草は、草地や道端で見かけるマメ科の黄色い花です。
京都・東山の耳塚《みみづか》あたりに多く生えていたので、この名がついたといわれます。でも、
京都に限らず、日本各地に分布する草です。
そこで、脈根草《みやつこんぐさ》が変化したものではないかという説も浮上してきました。
別名の多い草で、花の色から黄金花《こがねばな》、黄蓮華《きれんげ》。
花が烏帽子《えぼし》に似ているので烏帽子草《えぼしぐさ》。
雀野豌豆《すずめのえんどう》や烏野豌豆《からすのえんどう》より大きいので、狐野豌豆《きつねのえんどう》。

大阪城周辺にも多く、淀殿《よどどの》が愛したことから、**淀殿草《よどどのぐさ》**……。淀殿がこんなに素朴な花を愛していたとは、意外ではありませんか。野の花が好きな人は強い人だといいますから、きっと心の強さは持ち合わせていたのでしょうけど、歴史小説やドラマで描かれているイメージとは違うのかもしれませんね。

「都」の語源は、「宮処《みやこ》」。宮のある場所という意味です。もっとたどれば、「宮」は、「御屋《みや》」。もともとは、神のいるところを指す言葉でした。

こんなありふれた草が、**都草**……。きっと、どこでも「住めば都」といいたかったのでしょうね。

庭忘草

にわわすれぐさ

松尾芭蕉《ばしょう》の俳号は、彼が住んでいた「芭蕉庵」からとったものだといわれます。その「芭蕉庵」の庭には、**芭蕉**の木が植えられていたそうです。中国原産で、古くから日本に伝わったといわれる**芭蕉**。平安時代から和歌にも詠まれていますが、雰囲気は南国ムードです。見た目はバナナそっくり。食べられないそうですが、ちゃんとバナナのような実もつけます。

バショウ（芭蕉）の異称
「庭忘草」…バショウ科・中国原産・花期　夏

じつは、バナナもバショウ科の植物で、和名は**実芭蕉**《みばしょう》というそうです。反対に**芭蕉**のことは、英語でJapanese bananaだとか。

葉が大きく、風が吹くと破れやすいので、和歌では、「破れ芭蕉」として詠まれることが多いようです。

それにしても、**庭忘草**《にわわすれぐさ》……。かなりの大木になり、存在感のある木なのに、どうしてこのような異称がついたのか、よくわかっていません。

庭のすみに打ち捨てられているように見えるからでしょうか。

それとも……。存在が大きすぎるために、周りの環境と同化して、存在を忘れられてしまうということもありますね。

家庭の中や、私たちの周りにも、**庭忘草**があるのかもしれません。

~吹風の　夢ややぶらん　庭忘草　はなは軒ばの　ともし火のかげ~（『蔵玉《ぞうぎょく》和歌集』）

真夏の陽射《ひざ》しの下、誰も花とは気づかないような花を咲かせます。

蚊帳吊草《かやつりぐさ》

「蚊帳吊草」…カヤツリグサ科・自生・花期　夏

子どものころ、**蚊帳吊草**《かやつりぐさ》の茎で遊んだことを思い出します。二人が向かい合って、三角形になっている茎を、両端からふたつに裂いていくのです。うまくいくと、四角い枠ができます。それを、蚊帳に見立てて、**蚊帳吊草**と呼びました。「蚊帳」は、夜寝るとき、蚊を防ぐために吊《つ》った網のことです。箱形に四隅を吊るようになっていました。

別名の**升草**《ますくさ》や**升割草**《ますわりぐさ》も、同じ遊びからきた名前です。こちらは、四角い枠を升に見立てたというわけです。

「蚊」の語源説はさまざま。「かむ」から「か」、「かしましい」から「か」、「かゆい」

から「か」など、たくさんあります。どれも当てはまっているような気がしますね。何もかも全部ひっくるめて、「か」とひと言でいってしまいたいほど、蚊には悩まされてきたのかもしれません。

その蚊を防ぐ手立ても、時代とともに変化してきました。

今では、ほとんど見かけなくなった蚊帳。**蚊帳吊草**の名前の中に、それを偲ぶばかりです。

花火草《はなびぐさ》や**花火線香**《はなびせんこう》という異称もあります。花が線香花火に似ているから。こちらは、今でもよくわかりますね。

でも、**蚊帳吊草**という名前は、残り続けてほしいと思います。

～かくのごと　頬すりつけて　うなづけば　蚊帳釣草も　懐かしきかも～（長塚節）

吐金草《ときんそう》

道端に生えていても、たぶん、見向きもされないのではないでしょうか。菊の葉を小さくしたような葉っぱが、這《は》うように伸びています。

三ミリほどの小さな蕾《つぼみ》がついていると思ったら、それが花なのですって。その花を押しつぶすと、黄金色の実が出てくるので、**吐金草**《ときんそう》というのだそうです。

花放草《はなひりぐさ》、**種放草**《たねひりぐさ》というのも、ここからきているの

「吐金草」…キク科・自生・花期　夏

でしょう。

黄金色の実といっても、そんなに鮮やかなものではありません。昔の人の想像力の賜《たま》物《もの》でしょうか。それとも、生活からにじみ出たささやかなつぶやきが、**吐金草**という名前になったのでしょうか。

地を這うように一生懸命働いて、その実りは、砂金のようなささやかなもの……。いかにも庶民的で、親しみが持てますね。

でも、その生命力はたくましく、伸びた茎が地面につくと、そこからまた根を出すのです。華やかさはないけれど、花もいっぱい咲かせます。

そんなところに昔の人々は、励まされてきたのかもしれません。

よく「名も無き雑草」といいますが、みんな名前があります。それも、こんなに魅力的な名前がついていることもあるのですね。

金を吐く草……。思わずふり向きたくなるような名前ではありませんか。

玉章

たまずさ

✿ カラスウリ（烏瓜）の異称
「玉章」…ウリ科・自生・花期　夏

秋、枯れた蔓《つる》に、ひときわ鮮やかな朱色の実がぶらさがっています。おもちゃの瓜のようなかわいい実。

この実を烏《からす》が好んで食べるから**烏瓜**《からすうり》。また、いつまでも枝に残っている様子を、烏の食べ残しに見立てて**烏瓜**……。ほかにもさまざまな説があるようです。

実の中にある種の形が、また変わっています。

昔の人には「結び文」に見えたようですね。玉章《たまずさ》と呼ばれるようになりました。

「玉章」は、「玉梓《たまあずさ》」が変化したもの。「玉」は美称です。手紙をたずさえた使者が、梓の杖を持っていたことから、「文《ふみ》」のことをこう呼ぶようになりました。

後には、主に「恋文」のことを指したそうです。同じ由来で、結状《むすびじょう》とも呼ばれます。

やがて夏の夜、レースで編んだような純白の花を咲かせます。

昼間、蕾を見ると、こんなに幻想的な花が咲くとは思いもよりません。日が暮れると咲き、朝になると、あの花が夢だったかのようにしぼんでしまうのです。

でも、「玉章」につづった想いが実って咲いた花。きっと、一夜だけのウェディングベールなのかもしれません。

そういえば、狐枕《きつねのまくら》という異称もあります。とすると、花嫁さんは狐でしょうか。

隠蓑

かくれみの

「隠蓑」…ウコギ科・自生・花期　夏

「隠れ蓑《みの》」は、天狗や鬼の宝物として、昔話などに登場する蓑のことです。着ると身体が見えなくなるという不思議な蓑……。

そこから転じて、実体を隠すような時にも使いますね。

ところで、この名前をもらった木があります。生えてきた葉っぱが、楓《かえで》のように先が五つに分かれていたり、三つだったり、四つだったり、形がさまざまなのです。切れ込みがないものもあります。

いちばん多い三つに分かれた葉が、「隠れ蓑」に似ているということで、名づけられたのだとか。「隠れ蓑」は想像上の蓑なのですが、昔はよく絵に描かれたりして、定まったイメージがあったようです。

常緑樹なのに、一応黄葉するというところも奇妙です。『古事記』や『日本書紀』に出てくる御綱柏《みつながしわ》（三角柏《みつのかしわ》）は、この隠蓑《かくれみの》のことではないかという説もあります。

皇后がこの葉をとりに行っている間に、天皇が浮気をしたとか……。あらあら、隠れ蓑に使われてしまったのですね。

当時は宮中の行事の時、この葉に、お酒やご飯を盛ったそうです。また、儀式の時の占いに使ったという記録もあります。

樹液は、黄漆《きうるし》といわれ、漆の代用になるとか。

さすがに、天狗や鬼の宝物。さまざまな伝説とともに、まだまだ謎がいっぱいです。

糸瓜

へちま

「糸瓜」…ウリ科・熱帯アジア原産・花期　夏〜秋

糸瓜《へちま》は、江戸時代の初めに、中国から伝わったのだそうです。もともとは漢字で書くように、「いとうり」といいました。糸のように細長い瓜だからですね。やがて、「とうり」と変化しました。

ここからが、謎言葉です。さて、どうして「へちま」になったのでしょう。

「いろは歌」を思い浮かべてください。

〜いろはにほへとちりぬるをわかよたれそつねならむうゐのおくやまけふ……〜

「と」は「へ」と「ち」の間にあります。そこで「へ・ち・間」……。「ヘチマ瓜」から「へちま」と呼ばれるようになったというのです。

このような謎言葉は『万葉集』から見られます。江戸時代には、これを看板にした「謎看板」も流行しました。

それにしても、ユニークな命名ですね。

この**糸瓜**、なぜか悪態をつくときに、よく使われます。「糸瓜の皮」といえば、役に立たないもののこと。**糸瓜**で束子《たわし》を作るとき、皮はいらないからです。また、「糸瓜野郎」は、ぶらぶらして役に立たない男をののしっていう言葉。

でも、この茎からとれる「糸瓜水《へちますい》」は万病薬として知られ、特に咳止めに効くとされていました。美肌を作る化粧水になるということを、ご存じの方も多いでしょう。

役立たずっていうなんて、それこそ「やけふ」です（「ま」が抜けています）。

禊萩

みそはぎ

重要な神事などの前、罪や穢《けが》れがある時、厄災《やくさい》を逃れるため……人々は、身を清める儀式を行いました。それを、「祓《はら》え」といいます。

その中でも、川や海の水につかって行うものを、「禊《みそぎ》」といったのだそうです。語源も、「身濯《みすすぎ》」が変化したものではないかといわれています。

「禊萩」…ミソハギ科・自生・花期　夏〜秋

さて、ちょうどお盆の時期に、茎をすっと伸ばし、たくさんの紅色の花をつける禊萩《みそはぎ》。昔から、この花を切って水で濡らし、雫《しずく》をふりかけて、精霊《しょうりょう》のお供え物を清めたのだそうです。

花は萩に似ているので、「みそぎはぎ」と呼ばれるようになりました。やがて変化して、「みそはぎ」になったのだそうです。

ほかにも、**盆花**《ぼんばな》、**精霊花**《しょうりょうばな》、**水掛草**《みずかけそう》……。

下痢止めなどの漢方薬としても利用され、悪い鬼を退散させるとも信じられていたようです。

最近では、お役御免になることが多くなって、のんびりと咲いているのでしょうね。

現代の「禊」は、休暇をゆっくり過ごして、命の洗濯をすることでしょうか。

お盆で田舎へ帰ったとき、**禊萩**も出迎えてくれるかもしれません。身も心も、洗われたような気持ちになれそうです。

指燃草《さしもぐさ》

✿ヨモギ（蓬）の異称
「指燃草」…キク科・在来種・花期　夏〜秋

〜かくとだに　えやはいぶきのさしも草　さしも知らじな　燃ゆる思ひを〜（藤原実《さね》方《かた》『後拾遺和歌集』）

――こんなにまで思っているのに、口に出すことができなくて、艾《もぐさ》のように燃えている私の思いなど知らないでしょう――

『百人一首』でおなじみの、この歌に出てくる「さしも草（**指燃草**《さしもぐさ》）」は、**蓬**《よもぎ》のことです。

若葉を、草もちなどにして食べるのはご存じのとおりですが、葉を乾燥させて艾にし、お灸《きゅう》にも使います。

お灸の歴史は古く、中国では紀元前から行われていたそうです。日本にも六世紀ごろ伝わったとか。それが今でも残っているのですから、艾とは長い長いお付き合いというわけです。

よく、厳しく叱《しか》ることを「お灸をすえる」といいますね。昔は、子どもをしつけるときに、本当にお灸をすえたそうです。

夏の終わりから秋にかけて、花も咲きます。でも小さな茶色の花なので、ほとんど目立ちません。俳句では、やわらかい若葉を摘む春の季語になっています。

平安時代は、荒れ果てた場所や家の象徴として使われました。「蓬生《よもぎう》」は荒れ果てた場所、「蓬が門」は荒れた貧しい家、「蓬の窓」は荒れた家の窓……。

今でも、日本中、どこでも見かける**蓬**。荒地の象徴としてではなく、荒れた土地でも、たくましく生きる命の力の象徴として見たいですね。そうそう、そのパワーは、古くから邪気を払うと信じられていたそうですよ。

水引

みずひき

進物用の包装をするときに、今でも用いる「水《みず》引《ひき》」。和紙を縒《よ》って、紙縒《こよ》りを作り、糊で固めたものです。糊で固めるときの、水糊をひく作業から、「水引」というようになったのだそうです。

室町時代ごろから、贈り物に白い紙をかけ、水引で結ぶ習慣が盛んになったとか。いわば、昔のリボンだったわけですね。

そのころは、水引の色も白一色でしたが、次第に

「水引」…タデ科・自生・花期　夏〜秋

さまざまなルールができました。お祝い事には紅白や金銀、金赤。弔事には、黒白、藍白、黄白、銀、白。また結び方も、何度も繰り返してもいい場合は「蝶結び」や「花結び」。二度とないようにとの願いをこめるときは「結び切り」というように、意味をもたせるようになりました。

さて、この水引の名前がそのままついた花があります。すっと花穂《かすい》を細く伸ばした様子を、水引に見立てたものです。

花穂のまわりには、紅色の小さな花がたくさんついています。その小さな花をよく見ると、下の方は、白色になっているのです。

見事に、紅白の水引というわけですね。

夏から秋にかけて、野山にたくさんの花穂を出している水引の花は、大地にかけられた「水引」なのかもしれません。実りの季節を控えて、きっとおめでた続きなのではないでしょうか。

玉箒《たまばはき》

コウヤボウキの古名
「高野箒」…キク科・自生・花期　秋
「箒木」…アカザ科・ユーラシア大陸原産・花期　夏〜秋

昔、高野山では、竹や果物などの栽培を禁じていたといいます。商品価値のあるものは、人間の煩悩のもとになるという理由からだとか。そこで、この草を束ねて箒《ほうき》にしていたということです。そこから、**高野箒《こうやぼうき》**という名がつきました。

お正月最初の子《ね》の日には、蚕《かいこ》を飼っている部屋を掃き清めるという神事がありました。その時使ったのが、**高野箒**を束ね、美しい玉飾りをつけた箒です。それを「玉箒《たまばはき》」と呼びました。

〜初春の　初子《はつね》の今日の　玉箒　手に取るからに　揺らく玉の緒〜（大伴家持『万葉集』）

現在、正倉院に残っている「玉箒」は、なんとこの歌が詠まれた年のものだそうです。

やがて、玉箒《たまばはき》は、高野箒の異称になりました。もうひとつ、玉箒という異称を持つ植物があります。古くに中国を経て伝わった箒木《ほうきぎ》です。

古くは、「ははきぎ」といい、やはり、箒を作るのに用いられました。

昔、信濃の国、園原には、遠く離れると見えるのに、近づくと何も見えなくなるという、不思議な箒木が生えていたそうです。そこから、会ってくれない人のたとえにも使われるようになりました。

植物ではありませんが、お酒のことも「玉箒」というそうです。現世の憂いを掃き払ってくれるから。

箒をめったに使わなくなった今、これが一番身近な「玉箒」なのかもしれませんね。

嫁菜《よめな》

「嫁菜」…キク科・自生・花期　秋
「婿菜」…キク科・自生・花期　秋
「深山嫁菜」…キク科・自生・花期　初夏

植物分類上では、「野菊」という名前の植物はありません。秋の野山で、小さな花を咲かせる菊たちの総称です。

その代表が**嫁菜**《よめな》。薄紫のやさしい花が、秋風に揺れている風情は、誰の心をも和《なご》ませてくれるような気がします。

嫁菜は春の若芽を食用にしました。『万葉集』にも**菟芽子**《うはぎ》として登場します。

それにしても、**嫁菜**の語源説は、いろいろあります。

「嫁」は姫と同じで、小さいという意味だとする説。

どんな料理をしても食べられる良い菜という意味の「吉菜《よみな》」が変化したものという説。

「嫁が君《きみ》」（鼠《ねずみ》の異称）が食べる菜という説。

春の若菜の中でも、おいしく、花も美しいということで**嫁菜**となったという説。これは、**婿菜《むこな》**と呼んだ**白山菊《しらやまぎく》**に対比させているのだそうです。こちらも春の若菜は食べられるそうですが、花の美しさ、優雅さは、**嫁菜**の方がずっと勝《まさ》っていると思います。

初夏に花を咲かせる**深《み》山《やま》嫁菜**の栽培品種が、**都忘れ**です。佐渡に島流しになった順徳上皇が、この花を見て心癒《いや》され、都を忘れることができたとか。

やはり、お嫁さんといえば、いつもそばにいて、心を和ませてくれるようなイメージがあったのでしょう。理想の花嫁像……これが**嫁菜**の花なのかもしれません。

花筐《はながたみ》

花などを摘んで入れる籠《かご》のことを、**花筐《はながたみ》**と呼びました。

「筐《かたみ》」は、竹で編んだ、目の細かい籠のことです。

堅く編んで、目を密にしているところから、「堅間《かたま》」「堅編《かたあみ》」「堅目《かため》」などが変化したものだといわれています。

亡くなった人などを思い出すための「形見」と音が同じなので、掛け言葉としても使われました。

~この春は　たれにか見せむ　亡き人の　かたみに摘める　峰の早蕨《さわらび》~（紫式部）

これを嫌って、今では、あまり使われなくなったのかもしれませんね。

今よりも、野山が、豊かな草花で満ちあふれていたころ……。昔の人は、春になると、**花筐**を持って、草や花を摘みに出たのでしょう。

籠からあふれるばかりの草花と、その、みずみずしい香り。**花筐**の中の小さな春が、心いっぱいに広がって、それだけで、満ち足りた気持ちになれたことでしょう。

花押

かおう

花押《かおう》は、いわゆるサインです。「かきはん」と読むこともありますが、これは「書き判」からきています。漢字を崩したり組み合わせたりして、草書体よりも読めない独特の形に図案化し、ちょうど現代の印章のように使いました。

平安時代の中ごろ、中国から伝わったそうです。

中国では、文字を崩すことを「押」といったところから、「押字」《おうじ》と呼んでいました。また、崩した文字の形が花のようなので、「花字」《かじ》ともいいました。そのふたつを合わせて、**花押**と呼ぶようになったということです。

印鑑が広まるようになり、使われなくなっていきましたが、今でも内閣では、書類の署名用に使われているそうです。

自分自身の印として筆で書いた花……。庶民も使ったそうですが、戦国大名のものが有名ですね。

その花は、歴史の節目節目で、さまざまな花模様を描いてきたことでしょう。

第五章
自然にちなんだ草花

〜花開《ひら》けば風雨多し〜

花が咲けば、風や雨になる……。

とかく、人生はうまくいかないものといいたげなこの言葉。于鄴《うぎょう》の漢詩『酒を勧む』の一説です。

「花に嵐」「月に叢雲《むらくも》、花に風」など、同じような表現もたくさんあります。

特に桜の花が咲いたころは、例年、お天気が荒れ模様になるようですね。

急に冷え込む場合は、**花冷え**、**桜冷え**。

雨が降れば、**花の雨**、**花時の雨**、**桜雨**。

花を咲かせるようにうながしたはずの雨が、こんどは、散れとばかりに、無情に降りかかります。

桜を散らしてしまうほどの雨は、**桜流し**。

そして、花に吹きかかる荒々しい風は、**花嵐**……。

このように、花と自然現象を重ねて見つめてきた私たち。草花の名前にも、自然の風物がたくさん盛り込まれています。

それらの名前をみるにつけ、豊かな日本の自然や情景が浮かび上がるようです。

川柳《かわやなぎ》

✿ネコヤナギ（猫柳）の異称
「川柳」…ヤナギ科・自生・花期　早春

早春、茶色い殻の下から顔をのぞかせる、銀色のふわふわした毛。思わず触れてみたくなる手ざわり……。これが**猫柳**《ねこやなぎ》の花です。

その花を、猫の尻尾に見立てて、こう呼ばれるようになったそうです。尾っぽにしては、短いようですが、その毛並みは、猫のような感じがしますね。

ほかに、**狗子柳**《えのころやなぎ》という別名もあります。「えのころ」は、犬の子のこと。こちらは、子犬の尻尾に見立てたというわけです。

ころころ柳というかわいい異称もあります。

でも、古くは、**川柳**《かわなやぎ》と呼ばれていました。

『万葉集』にも、**川柳**の名前で登場します。この名前は、江戸時代ごろまで続き、猫柳に変わったのは、明治のころだといわれます。

そして今では、**川柳**は、別の柳の名前になっています。

「川柳」と書くと、「せんりゅう」と読む方も多いでしょう。俳句のように季語を入れなくてもよい五七五の句のことです。

この名前は、『誹風柳多留《はいふうやなぎだる》』の撰者、柄井川柳《からいせんりゅう》に由来するそうです。彼も、辞世といわれる句に、**川柳**の木を詠んでいます。

〜凩《こがらし》や　あとで芽をふけ　川柳〜

彼がひろめた「川柳《せんりゅう》」も、日本人の間に着実に根をはったようですね。

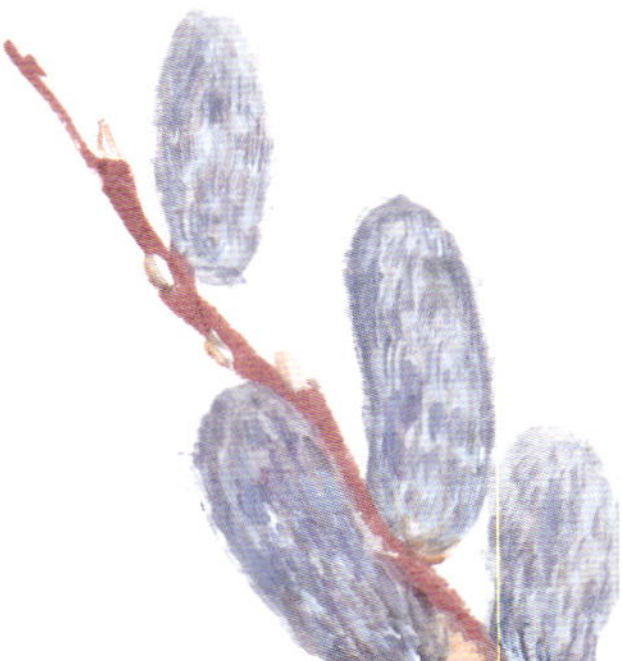

紫雲英《げんげ》

春の田んぼをおおいつくす赤紫の絨毯《じゅうたん》……。日本の原風景のように思いますが、**蓮華《れんげ》草《そう》**は中国から渡来した帰化植物だそうです。

その時期は、江戸時代とする説が多いようですが、室町時代ともいわれます。

蓮華《れんげ》とは、**蓮《はす》**の花のこと。その**蓮**に似ているということで、**蓮華草**と呼ばれるようになりました。「げんげ」は、それが変化したものだということ

✿レンゲソウ（蓮華草）の異称
「紫雲英」…マメ科・中国原産・花期　春

ですが、漢名「翹揺《ぎょうよう》」が変化したものだという説もあります。

漢名には「紫雲英《しうんえい》」というのもあって、この字を当てることが多いようです。一面に咲いている花が、低くたなびく紫の雲に見えるから……。「英」は、もともと美しい花をあらわす漢字。ここでも、その意味で使われています。

そんな紫の雲のような花も、すっかり珍しくなってしまいました。

田んぼに**紫雲英**を植えたのは、土を肥やすため。**紫雲英**の根に根粒バクテリアがついて、それが土の質を改良するところから、盛んに植えられるようになりました。

化学肥料が普及して、すっかり減ってしまいましたが、また、**紫雲英**と協力した稲作が見直されてきているそうです。

〜手に取るな　やはり野に置け　蓮華草《れんげそう》〜（滝野瓢水）

やはり、**紫雲英**は、大空の下にあってこそ。そういえば、紫の雲がたなびけば、めでたいことが起こるしるしなんですって。

霞草《かすみそう》

「霞草」…ナデシコ科・中央アジア原産・
花期　晩春〜初夏

蝶の脚のように繊細な枝が、いくつもに枝分かれして、無限の広がりを感じます。そこに咲いた無数の小さな白い花……。まるで空中に舞っているようです。

遠くから見ると、本当に霞がかかったように見える**霞草**《かすみそう》。

明治時代に、日本にやってきたそうですが、今では、花束には欠かせない花になりました。

一重のものと八重咲きのものとがあって、少し趣が違います。一重の方は、**群撫子**《むれなでしこ》や、**花糸撫子**《はないとなでしこ》ともいいます。

一重咲きは一年草なのに対して、八重咲きの方は多年草。そこで、**宿根霞草**《しゅっこんかすみそう》、**小米**《こごめ》

撫子《なでしこ》と呼んで区別することもあります。

「霞」は、気象用語にはありません。「霧」に統一されていますが、やはり、春には、霞といいたくなります。

霞草も、晩春から夏にかけて咲く花ですが、春の季語に入れられました。

少し**霞草**を加えただけで、レースを添えたみたいに、華やかさが増す上、ドライフラワーにしても、その華やぎは衰えません。まるで魔法のような花です。

そういえば、仙人は霞を食べて長寿を保っているといいます。もしかしたら、**霞草**も仙人の仲間なのかもしれません。

立浪草《たつなみそう》

「立浪草」…シソ科・自生・花期　初夏

ダイナミックに大きく立ち上がる波頭《なみがしら》。「立浪《たつなみ》」は、そんな波が逆巻《さかま》く様子を図案化したものです。江戸時代に流行し、着物や食器の絵柄として、好んで用いられました。

立浪草《たつなみそう》の、ひとつひとつの花は「立浪」の形。その花が茎にたくさん集まって咲く様子は、次々と押し寄せる波のようです。

普通、花の色は紫色。

時間によって、さまざまな色を見せる波は、金波《きんぱ》、銀波《ぎんぱ》、紅波《こうは》、蒼波《そうは》、白波《しらなみ》などと表現されます。

「紫波」という表現はありませんが、夜明けの波のイメージでしょうか。

「立浪の」という言葉は、しくしく、音、ひく、寄すなどにかかる枕詞としても使われてきました。

〜君は来ず　吾はゆゑ無み　立浪之　しくしくわびし　かくて来じとや〜（よみ人しらず『万葉集』）

波にあやかる名前がついた**立浪草**ですが、同じ仲間の**小葉立浪**《こばのたつなみ》以外は、山地の林の中などに自生するのだそうです。

私たちが、生き生きと描かれた浮世絵から波の音を聞くように、木陰で、遠い海鳴りの音に耳をすましているのかもしれませんね。

雲見草《くもみぐさ》

※ センダン（梅檀）の異称
「雲見草」…センダン科・自生・花期　初夏

梅檀《せんだん》は、生長が早く、大木になることが多い木です。太い幹から枝を四方に広げて、葉をいっぱい茂らせます。

初夏、その大木を見上げてみると、薄紫の花がいっぱい咲いています。遠くから眺めると、まるで、紫色の雲がたなびいているよう……。そこで、雲見草《くもみぐさ》と呼ばれるようになったそうです。

紫の雲はめでたいしるし。仏様のご来迎をあおぐ雲といわれます。

古くは、楝《おうち》と呼ばれていました。歴史的仮名遣いだと「あふち」。そこで、「逢《あ》ふ」に掛けて、恋の想いを歌う時に使われました。

～五月雨《さみだれ》に　恋すといふ名は　立たばたて　君にあふちの　花し咲きなば～（『古今和歌六帖』）

また、邪気を払う力があるとされ、五月五日の端午の節句には、**菖蒲**《しょうぶ》と共に飾られたそうです。その呪力ゆえでしょうか。中世では、罪人の首をさらす木とされてしまいました。

今では、木目が美しいことに注目され、家具や建築材として用いられるそうです。

「梅檀は双葉《ふたば》より芳《かんば》し」の「梅檀」は、インド原産の**白檀**《びゃくだん》の間違いだそうです。芽生えたばかりのころから、芳《かぐわ》しい香りを放つ**白檀**のように、優れた人は、子どものころからその片鱗《へんりん》をみせているものだという意味で使われます。

でも、どうして、どうして。香りこそ白檀に劣るでしょうけど、芳しさをいっぱい持った**梅檀**の木です。

月桃

げっとう

「月桃」…ショウガ科・自生（九州南部〜沖縄）・花期　夏

九州の佐多岬以南から台湾の初夏を彩るこの花。特に沖縄では、おなじみの木だそうです。

月桃《げっとう》という名は、漢名をそのまま音読みしたもの。

葉は、さわやかな香りがするので、お餅やおにぎりを包むのだとか。南国の香りが、口の中いっぱいに広がることでしょう。

家の壁や屋根を葺《ふ》くのに使ったり、その繊維からロープやマットを作ったり、最近では、化粧水や、アロマテラピーの効果にも注目されているようです。

白くふくらんだ、つややかな蕾《つぼみ》。その先だけがピンクに色づいて、まさしく桃色の月の雫《しずく》です。

そういえば昔の人は、月の神様が、「変若水《おちみず》」という若返りの水を持っていると思っていたといいます。**月桃**にも、不思議な力が秘められているのかもしれませんね。

英語では、「シェルフラワー」。なるほど、小さな貝殻がいっぱい集まっているようにも見えます。月の浜辺から落ちてきた貝殻でしょうか。

やがて、神秘的な花が、唇が開くように咲いていきます。まるで何かを語りかけているかのよう……。

月の恵みに満ちあふれた**月桃**。その花のささやきにもっと耳を傾けてみたくなりました。

風蘭《ふうらん》

「風蘭」…ラン科・自生・花期　夏

風を好む蘭だから**風蘭**《ふうらん》……。そういわれるだけあって、他の豪華な蘭に比べると、清楚な雰囲気をたたえた花です。

樹木の幹などについて育ちますが、寄生植物ではありません。その木から栄養をもらっているわけではないので、着生《ちゃくせい》というそうです。

まるで、空中での暮らしを楽しんでいるように、風に揺れている純白の花。浮世を離れた、小さな天女の羽衣のようです。

ところが、夕方になると、甘く濃厚な香りを放ちます。

そんな自然の中の**風蘭**も、例にもれず、絶滅が危惧されているそうです。

この**風蘭**の変異種が、**富貴蘭**《ふうきらん》です。

江戸時代、十一代将軍、徳川家斉《いえなり》も愛好していたそうで、大名の間でもブームが巻き起こったとか。

なぜ**富貴蘭**というのかはよくわかりませんが、高貴な人々に愛されたからともいわれます。

おもしろいことに、**富貴蘭**は、葉にできた斑点などの模様を、「芸」と呼んで珍重するのだそうです。わからない者が見れば、しみや色褪《あ》せ、時には汚点に見えるものまであります。それらに、値打ちを見出《みいだ》し、愛でている人がたくさんいるのですね。

もしかしたら、あなたが欠点だと思い込んでいる部分も、大きな魅力となるのかもしれません。

雨降花《あめふりばな》

ヒルガオの異称
「昼顔」…ヒルガオ科・自生・花期　夏

雨降花《あめふりばな》と呼ばれる花は、昼顔《ひるがお》のほかにもたくさんあります。

蛍袋《ほたるぶくろ》、**谷空木**《たにうつぎ》、**槿**《むくげ》、**靫草**《うつぼぐさ》、**菫**《すみれ》、**竜胆**《りんどう》……。

その理由も、花を摘むと、雨が降るから。

花が咲くと、雨が降るから。

雨降りの日によく花が咲くから。

梅雨の頃に咲き始めるから。

雨に濡れて咲いている様子が、ひときわ美しいから……など、さまざまです。

でも、**昼顔**に限っていえば、ほかに**雷花**《かみなりばな》や**日照草**《ひでりそう》という異名まであります。

いったい、どれが本当の顔なのでしょうね。

でも、確かなことは、その強さ。同じ仲間の**朝顔**《あさがお》や**夜顔**《よるがお》が栽培種なのに対し、**昼顔**は道端でも強く生きています。

なんでも地下茎を長く伸ばして、増えていくのだそうです。その地下茎は、切れても切れても、そこからまた新しい芽を出すほどの生命力だとか。

淡い薄桃色の花は、そんなバイタリティーを感じさせないほど、あくまでやさしい印象です。

でも、雨が降ろうと日が照ろうと、いつでも元気な昼の顔。これが**昼顔**の素顔ですね。

月見草《つきみそう》

「月見草」…アカバナ科・北アメリカ原産・花期　夏
「昼咲月見草」…アカバナ科・北アメリカ原産・花期　夏

～三七七八米の富士の山と、立派に相対峙《あいたいじ》し、みぢんもゆるがず、なんと言ふのか、金剛力草とでも言いたいくらゐ、けなげにすつくと立つてゐたあの月見草《つきみそう》は、よかった。富士には、月見草がよく似合ふ。～（太宰治『富嶽百景』より）

月見草といえば、この文がひき合いに出されます。ところが、この**月見草**は、黄金色だったと書かれていることから、**大待宵草**《おおまつよいぐさ》のことではないかといわれています。

本当の**月見草**の色は白。

夜になると開き、朝にはしぼんでしまいます。そこから**月見草**という名がつきました。

朝、紅色を帯びて、しおれているところが、ますますはかなげな一夜花《ひとよばな》です。

名前もゆかしく、昔から日本にあるような気がしますが、じつは江戸時代の終わりに、アメリカから渡来してきたのだそうです。

日本の風土になじめず、野生化することはなかった**月見草**……。

その代わり、大正時代に同じく北アメリカからやってきた**昼咲月見《ひるざきつきみ》草《そう》**は、すっかり帰化してしまったようです。

昼の月を見る……。いかにも幻想的ですが、**昼咲月見草**は、昼間咲く、健康的なピンク色の花です。やはり、健康には昼咲きがいいのでしょうか。日当たりのいい場所で、かわいく、たくましく咲いています。

露草

つゆくさ

昔は露草《つゆくさ》のことを、月草《つきくさ》と呼んでいました。露草の花を摺《す》り付けて、布などに色を着けていたので「着草《つきくさ》」。これに「月」という漢字を当てたものです。

染めた色が色落ちしやすかったことや、早朝に咲き午後にはしぼんでしまうことから、はかなさの象徴として、和歌に詠まれてきました。梅雨の終わりごろから咲き始めるのに、秋の季語になっ

「露草」…ツユクサ科・自生・花期 夏

ているのも、そのせいかもしれません。

でも、決して、はかない花ではありません。「苞《ほう》」と呼ばれる花を包んでいる葉の中には、ちゃんと明日の蕾《つぼみ》が眠っているのです。一日でしぼんでしまう花は、花びらを散らすことなく、次の花の栄養になるのだとか。翌朝になると、また、目のさめるような青い花を見せてくれます。

もし、虫が来てくれなくても大丈夫。特に長く伸びた二本の雄しべと雌しべが、しぼむ時に、くるくると巻き込みながら、自力で受粉するのだそうです。

日本の至るところで見かける花だと思っていたら、なんと、その仲間は世界の至るところに分布しているということです。

その上、一九五七年、当時ソ連の打ち上げた人工衛星スプートニク二号に乗って、宇宙にも行ったそうです。

自立した強い花……。いつもか弱げな風情でたたずんでいますが、宇宙でも花を咲かせているかもしれませんね。

日輪草《にちりんそう》

ヒマワリ（向日葵）の異称
「日輪草」…キク科・北アメリカ原産・花期　夏

「日輪《にちりん》」とは太陽のことです。太陽から連想される花といえば、**向日葵《ひまわり》**でしょう。ほかに、**日車《ひぐるま》**という異称もあります。英語でも、**サンフラワー**。炎天下、ますます燃えさかるように、黄金色の大輪の花を咲かせる**向日葵**。まさしく太陽の花ですね。

北アメリカから中国を経て、江戸時代、日本に伝わったのだそうです。当時の人々には、あまりにも、強烈すぎる印象だったのでしょうか。貝原益軒の『大和本草』には、「花下品なり」と記されているとか。

今では誰からも親しまれる花になりました。

太陽を追いかけて花が回るから「ひまわり」……みなさんご存じのことでしょう。

「ひまわり」の当て字になっている「向日葵」は漢名ですが、中国でも、そう思われていたことがうかがえます。

ところが、普通、**向日葵**の花には、そんな性質はないのです。

かといって、あながち間違いとはいえません。若い蕾《つぼみ》のときには、太陽の方向にいつも顔を向けようとするそうです。

ひたすら太陽を求め続けているうちに、自分自身が太陽になったのかもしれませんね。

露取草《つゆとりぐさ》

「サトイモ（里芋）の異称
「露取草」…サトイモ科・熱帯アジア原産・花期　夏

「七夕《たなばた》」は、日本に昔からある風習と、中国から伝えられた伝説や行事が合わさって、今日に伝えられています。

その中で、さまざまなことわざや言い伝えも生まれました。

～七夕の日に雨が降れば、病気がはやらない～

～七夕の早朝に髪を洗うと、髪が美しくなる～

～七夕に使った竹を竈《かまど》に立てておくと、火事にならない

ない～

里芋《さといも》の葉にたまった露《つゆ》で、墨をすって字を書くと、字が上手になるというのもそのひとつ。そこから、**里芋**は、**露取草**《つゆとりぐさ》と呼ばれるようになりました。

中国から渡来したといわれる**里芋**の歴史は古く、稲作と里芋栽培は、どちらが古いかわからないほどだそうです。

お正月の御節《おせち》料理や、お月見のお供《そな》えなど、行事には欠かせないものとして、親しまれてきました。

～天河《あまのがわ》　なかれてこふる　七夕の　涙なるらし　秋のしら露～（よみ人しらず『後撰和歌集』）

旧暦では、七月はもう秋。このころの露は、七夕の涙だといっているのですね。

里芋の大きな葉にたまったたくさんの露。恋の涙よりも、天が愚《おろ》かな人間たちを見て嘆く涙の方が多い、今日このごろかもしれません。

凌霄花《のうぜんかずら》

「凌霄花」…ノウゼンカズラ科・中国原産・花期　夏

貝原益軒の『花譜』には、**凌霄花**《のうぜんかずら》について「花を鼻にあてて嗅《か》ぐべからず、脳を破る。花上の露目に入れば目暗くなる」とあるそうです。

そのせいもあってか、古い時代に中国から渡来したのですが、庭に植えるのを嫌われていたようです。

これは、まったくの俗説だということで、汚名も返上できた今、よく見かけるようになりました。

ひときわ明るいオレンジ色の花が、夏になると目立ちます。

漢字は、そのまま漢名を当てたもの。「凌」はしのぐ、超えるという意味です。「霄」

は空。大空をしのぐほど、天高く伸びていく花ということですね。

平安時代には、「のうしょう」と呼ばれていました。漢名を音読みした「りょうしょうか」が変化したものではないかといわれています。

やがて、「のうぜん」となり、「葛《かずら》」をつけて呼ばれるようになったということです。

名前のとおり、**凌霄花**が空を目指していきます。灼熱《しゃくねつ》の太陽をものともせずに、明るい花を咲かせながら……。夏の盛りに、この花を見るだけで、たくさんの元気がもらえそうです。

～火のごとや　夏は木高く　咲きのぼる　のうぜんかづら　ありと思はむ～（北原白秋）

薄雪草《うすゆきそう》

「薄雪草」…キク科・自生・花期　夏〜秋

うっすらと白い雪をかぶったように見えるから**薄**《うす》**雪草**《ゆきそう》……。ぴったりの名前ですね。

その雪化粧をしたように見える部分は、花びらではなく、葉が変化したものだそうです。「苞《ほう》」と呼ばれるもので、花は真ん中のまあるい部分。その小さな花が、真っ白な綿毛におおわれた苞で、大切そうに抱かれているようです。

だからでしょうか。薄雪というわりには、あたたかい印象の花です。

ところで、この花を見て、**エーデルワイス**だと思う人も多いのではないでしょうか。歌や映画で有名な、アルプス原産の**エーデルワイス**は、日本の**薄雪草**と同じ仲間。**西洋薄雪草**とも呼ばれます。

ドイツ語で「高貴な白」という意味の「エーデルワイス」。ヨーロッパやアジアの高峰に咲く、文字通り高嶺《たかね》の花です。

ほかの**薄雪草**の仲間も、たいていは高山植物。日本でも、**深山《みやま》薄雪草**、**早池峰《はやちね》薄雪草**、**姫《ひめ》薄雪草**など、寒い地方の高い山にしか生えないものが多いようです。

ところが、**薄雪草**は、それほど高くない山にでも自生しているといいます。しかも、夏に咲く花。

そういえば、雪のかぶり具合が、ほかの種《しゅ》よりも少ない感じです。

なんといっても夏にこれだけ雪を降らせることができるのですから、お見事といいたいですね。

山下草《やましたぐさ》

オギ（荻）の異称
「山下草」…イネ科・自生・花期　秋

「山下」は、そのまま山の下の方という意味ですが、人目に触れないという意味合いが含まれているそうです。

山の下で、人知れず激しく流れる水は「山下水《やましたみず》」。和歌では、胸に秘めた激しい恋心を重ねて歌われました。

ほかにも、「山下道《やましたみち》」「山下庵《やましたいお》」「山下風《やましたかぜ》」……。

そして、山のふもとに、誰にも知られずに揺れている草は**山下草《やましたぐさ》**。これは**荻《おぎ》**の異称でもあります。

荻は、**薄《すすき》**とそっくり。

違いといえば、薄は根元が株になり、荻は一本一本生えるというところ。

また、薄の穂には「芒《のぎ》」、つまり、小穂の先に伸びた長い毛があるけれど、荻にはないところ。

荻には芒がないせいか、心なしか、ふさふさとした印象です。

薄が金色に光るなら、荻は銀色に光るといえるでしょう。

といってもなかなか区別がつかないのは確か。

河原などに薄といっしょに生えていることも多いのですが、ほとんどの人は、薄だと思って、荻の存在には気づかないのではないでしょうか。

目立つ場所にいても、人知れず生えている……。

なるほど、山下草です。

星草《ほしくさ》

「星草」…ホシクサ科・自生・花期　秋

今では、「星」の形というと、放射状に広がる角のある形を想像しますが、昔は小さな丸い形だったようです。

稲刈りが終わったあとの田んぼや湿地などで見かける星草《ほしくさ》もそう。すっとまっすぐに伸びた茎のてっぺんに、白色の小さな丸い花が咲きます。それを、夜空の星に見立てて、つけられた名前だそうです。

植物の場合、カタカナで書くのが一般的ですが、「ホシクサ」にすると、「干草」と誤解されそうですね。
ほかにも、花を水玉に見立てて水玉草《みずたまそう》。
大名行列の先頭などで、槍持ちが振る毛槍に見立てて毛槍草《けやりそう》。
これは、大太鼓の撥《ばち》に見立てたのでしょうか、太鼓草《たいこぐさ》。
漢名でも、星に見立てて流星草《りゅうせいそう》。
そして、稲刈りのあとに出てくるので穀物の精とみなされたのでしょうか、穀精草《こくせいそう》
……。
すてきな異称がたくさんあるのにもかかわらず、あまり見向きもされない花です。
やはり、地上の星は、人知れず輝くものなのでしょうか。
その上、除草剤の影響で、田んぼから姿を消しつつあるとか。
せっかく、田んぼに咲いた白星……。逃がしたくない気持ちです。

霜柱

しもばしら

「霜柱」…シソ科・自生・花期　秋

霜は、それ自体、花にもたとえられるほどの美しさです。よく晴れた夜、冷え込むと、朝には一面真っ白な霜の花が見られますね。

土の中の水分が地表で凍ると、細い氷の柱を作って霜柱《しもばしら》になります。最近は、土の道がなくなってしまったので、なかなか味わうことができませんが、霜柱を踏みながら歩くときのサクサクした感触は、気持ちのいいものでした。

この**霜柱**と同じ名前の植物があります。

秋に咲く花は、純白の小さな花。伸ばした花軸《かじく》の片側に、いっぱい集まって咲きます。その上、雄しべや雌しべが長く伸びて、氷の芸術に匹敵する美しさです。

ところが、この**霜柱**という名前は、花からつけられたものではないのだそうです。冬になると、地上に出ている部分は枯れてしまいます。それでも、まだ根は生きていて、水を吸い上げます。その水が、根元あたりで凍って、氷の柱を作るというのです。これを、霜柱に見立てて、ついた名前だそうです。

ほかの植物でも、このような氷の柱ができるのですが、**霜柱**の場合、とくに見事なものができやすいということです。

この氷の柱が見られるのは、まだ根が生きている冬の初めのころだけ。冬本番になると根も枯れてしまって、もう見ることはできません。

初冬だけの霜柱……あ、もちろん、踏んで歩かないでくださいね。

第六章
夢見る草花

～草俯《うつむ》いて百を知る～

草は、葉っぱを地面にたらしているけれども、何でも知っている……。これは、控えめな人は何も知らないように謙遜《けんそん》しているけれども、よく物事を知っているということのたとえだといいます。

でも、初めてこのことわざを聞いたとき、私は違う解釈をしました。風にそよいで、俯いたり、ひるがえったりしている草……。だからこそ、百を知っているのだと思ったのです。

自分の行く手しか見ていないと、視野が狭くなるものです。俯いたり、仰いだり、振り向いたり、見回したり……。そうすれば、前しか見ていなかった時には気づかなかったことが、わかるのではないでしょうか。

今の自分自身も、もっとよく見えるかもしれません。

はっきりした形がなくても、言葉にいいあらわせなくても、すべての命が、夢を見ているのだと思っています。

草花たちは、いったいどんな夢を見ているのだろう。私たちはどんな夢をもらってきたのだろう……。そんな思いで、草花を見つめてみました。

夢見草《ゆめみぐさ》

※サクラ（桜）の異称
「染井吉野」…バラ科・オオシマザクラとエドヒガンザクラの交配種・花期　春
「山桜」…バラ科・自生・花期　春

昔は、夢といえば、はかないものの象徴でした。そして、人生も、夢のようにはかないものだと捉《とら》えていたようです。

古くから、人々にこよなく愛されてきた桜もそう。夢のようにはかなく咲いて散っていく姿を、自分たちの人生に重ねて見ていたのでしょう。桜のことを、**夢見草**《ゆめみぐさ》と呼ぶようになりました。

現代、桜といえば、**染井吉野**《そめいよしの》のイメージを思い描く人が多いかもしれません。これは、江戸時代末期にできた改良品種で、昔は、**山桜**のことを指しました。

でも、満開の幻想的な華やぎ、花びらがひとひら、ひとひら舞い散っていくゆかしさ、

花吹雪の壮絶なまでの美しさは変わりません。

～うへ置《おき》て　たとへにやみる　夢見草　あすをもしらぬ　今日の命を～（『蔵玉和歌集』）

旧暦三月のことを「夢見月」というのも、**夢見草**が咲く月だから。

現代の三月は、**桜**の花が咲くには少し早いかもしれませんが、枝先にはたくさんの蕾《つぼみ》がふくらんでいます。

思えば、「咲いている桜」、「散りゆく桜」に比べて、「これから咲く桜」は、あまり愛でられてこなかったようです。

でも、本当に夢を見ている時期というのは、こうなのかもしれませんね。目立たず、注目もされず、自分自身の花を咲かせようと、ただそれだけに想いをふくらませている時期。

今、**夢見草**という名にふさわしいのは、「これから咲く桜」かもしれません。

遊草

あそびぐさ

ヤナギ（柳）の異称

「枝垂柳」…ヤナギ科・中国原産・花期　春

柳にもたくさんの種類がありますが、普通、**柳**というと、**枝垂柳**《しだれやなぎ》を指すようです。

奈良時代、梅などと共に中国から渡来し、以来、親しまれ続けてきました。平城京の街路樹も、この**枝垂柳**だったとか。

異称もたくさんあります。**川根草**《かわねぐさ》、**河高草**《かわたかぐさ》、**川沿草**《かわぞいぐさ》など川にちなむもの。**風見草**《かざみぐさ》、**風無草**《かぜなぐさ》など風にちなむもの。そして、なぜか**遊草**《あそびぐさ》。

その由来は、よくわからないそうです。遊郭などの境界には、「見返り柳」が植えられていました。それで、こう呼ばれるようになったのかもしれません。

ですが、もともと「遊ぶ」は、興の趣くままに行動して楽しむこと。娯楽というよりは、楽器を演奏したり、踊ったり、自分の心を素直にあらわし、楽しく過ごすことをいったものです。

柳が風のままになびく様子を、こんなふうに表現したのではないかと思えてきました。

春の季語でもある**柳**ですが、もうひとつ、よくいっしょに詠み込まれる風景があります。

「柳の枝に雪折れはなし」……。枝に雪が降り積もっても、**柳**はじっと耐えて、決して折れることはないのです。

自然に逆らわず、ただ風にも雪にも身を任せているだけですが、しなやかに生きているその姿。「あるがまま」ということの強さを、**柳**は教えてくれているようです。

延齢草《えんれいそう》

「延齢草」…ユリ科・自生・花期　春

「延齢《えんれい》」、つまり齢《よわい》が伸びる草。大変おめでたい名前をもらったものです。ほかにも、**延命草《えんめいそう》**、**延年草《えんねんそう》**、**養老草《ようろうそう》**など、ありがたい異称がたくさんあります。

さぞ、すばらしい薬効があるのだろうと思うのですが、胃薬にしたというぐらいで、齢を伸ばすほどの効果はないそうです。それどころか、有毒植物なので、使用には注意が必要とのこと。

そこで、アイヌ語の「エマウリ」が変化したものだという説も出てきましたが、よくわかっていません。

謎に包まれたこの名前ですが、姿は、とってもユーモラス。茎の先端に、柄のない大きな葉を三枚。その真ん中に、ちょこんと顔を乗せているような三枚の萼《がく》。普通、花びらはないのですが、まるで、黒紫の花が咲いているようです。

そこから、三葉葵《みつばあおい》、三葉苺《みつばいちご》、三葉《みつば》人参《にんじん》など、三葉にちなんだ名前もつきました。

その渋さといい、味わいといい、蓑《みの》を着た老人に見えなくもありません。

夏になると、黒い実がぽつんとなっています。この実は食べると、とっても甘いのだそうです。

本当に不思議な魅力の花ですね。飄々《ひょうひょう》と、人をくったようなところが、仙人のように思えてきました。この大地にあふれている「不思議」を楽しむことが、長生きの秘訣だよと語りかけているかのようです。

常磐草《ときわぐさ》

「常磐《ときわ》」は、いつまでも変わらないこと。

常磐草《ときわぐさ》はもちろん、常緑樹の代表、**松**の異称です。

松にもいろいろな種類がありますが、主なものは、**赤松**と**黒松**でしょうか。

赤松は、幹が赤っぽく、松茸《まつたけ》が生える木です。**黒松**は、幹が黒っぽく、よく海岸に植えられています。**黒松**は太く力強い印象から**雄**《お》

マツの異称
「赤松」…マツ科・自生・花期　春
「黒松」…マツ科・自生・花期　春

松《まつ》、それに対して、やわらかな雰囲気の**赤松**は**雌松《めまつ》**と呼ばれました。

といっても、**松**は、ひとつの木に雄花も雌花も咲かせます。

春、新しく伸びた枝の先に、いくつかちょこんと赤くなっているのが雌花。根元にたくさんついている黄色い木の実のようなものが雄花です。

受粉すると、二、三年かけて、松ぼっくりになるとか。

十返《とがえり》の花《はな》ともいわれ、百年に一度、千年に十度花を咲かせるという伝説を持つ**松**ですが、そんなことはないということですね。

一年中、緑を保つ常緑樹も、いつでも同じ葉を茂らせているわけではありません。若葉が育つのを見届けてから、「後は頼んだよ」といわんばかりに、古い葉が散っていくのです。この世代交代は、**楪《ゆずりは》**が有名ですね。でも**楪**が際立っているというだけで、どの常緑樹も同じことを繰り返しているわけです。

移ろわぬ松も、その一本の木の中で、静かに生の営みを繰り返していたわけですね。

松葉をそっと拾ってみると、「人」の字に見えてきます。

有実

ありのみ

※ナシ（梨）の異称
「有実」…バラ科・ヤマナシの改良品種・
花期　初夏

平安時代、梨《なし》が「無し」に通じるのを嫌って、有実《ありのみ》といったそうです。
～をきかへし　露ばかりなる　梨なれど　千代ありのみと　人はいふなり～（『相模集』）

「露ばかりなる」といっていますが、みずみずしい、たっぷりの果汁が、梨の魅力ですね。中国では、百果の宗、つまり果物の王様といわれるほどです。

また、花の美しさは、楊貴妃《ようきひ》にもたとえられました。

ところで、梨を栽培している畑や庭園のことを「梨園《りえん》」といいます。

でも、梨園という言葉には、もうひとつ、意味があります。

中国の唐の時代……。楊貴妃との永遠のラブロマンスで有名な玄宗皇帝《げんそうこうてい》は、音楽や芸能にも熱心だったそうです。宮廷の梨園に、弟子を集め、自らも歌舞を教えたとか。

そこから、演劇界のことを、**梨園**と呼ぶようになりました。

日本では、特に歌舞伎界のことを指しますね。

梨の花は真っ白で、**桜**より少し大きめの花。その白さを雪にたとえて**梨雪**《りせつ》。満開の情景は**梨雲**《りうん》と呼ばれます。

ちょうど人々が散りゆく桜に心を奪われているころ、**梨園**ではひっそりと清らかな**梨**の花が咲いているのです。

それが、やがては、大きな実を結ぶのですね。

楠

くすのき

「楠」…クスノキ科・自生・花期　初夏

霊妙なこと、類《たぐい》まれなことを、昔は「奇《くす》し」といいました。楠《くすのき》という名前は、この「奇木《くすしきき》」が変化したものではないかといわれています。

「樟脳《しょうのう》」をとることでも知られていますね。防虫剤や、強心剤のカンフルも、この樟脳を精製して作るのだそうです。

害虫に強く、耐水性があるので、古くから、柱や土台としても利用されてきました。

全体に芳香《ほうこう》を漂わせている木です。葉は光沢があり、広葉樹ですが、一年中、緑を保っています。まさに、「奇木」ですね。

ちなみに、中国では「樟」が「クスノキ」を指す漢字で、「楠」は誤用だそうです。

楠は、生長すると、大木になりますが、若木の時の成長は遅いのだそうです。そこから、進歩は遅くても、着実に成長していく学問のことを、「楠学問」と呼ぶようになりました。

「楠分限《くすのきぶげん》」という言葉もあります。同じ理由で、こつこつとお金を増やしていくお金持ちのことです。

反対に、**梅**は、生長が早いけれども、大木にはならないそうです。そこで、にわか仕込みの不確実な学問は「梅の木学問」、成り上がりのお金持ちは「梅の木分限」といいます。

梅と**楠**……。どちらにも、それぞれのよさがあると思いますが、学問の成果は、目に見えないことが多いもの。そんなときは、心の中の**楠**が、ゆっくりと、でも着実に、生長していると思えばいいのですね。

笑草

えみぐさ

初夏、葉陰に、白い小さな花が、鈴のように揺れています。うつむいて、はにかんでいるように見えますが、昔の人には、微笑んでいるように見えたのでしょう。**笑草**《えみぐさ》と呼ばれました。

正式な和名は、**甘野老**《あまどころ》。地下茎が**野老**《ところ》に似ていて、食べるとほんのり甘みがあるのだそうです。

野老は、地下茎は苦いのですが食用にします。その地下茎の塊《かたまり》を、「最凝《いとこり》」「凝《とこり》」などといったことから、「ところ」に変化していったとか。

漢字は、その地下茎に生えている髭根《ひげね》を老人になぞらえ、海の老人である「海老《えび》」に

✿ **アマドコロ（甘野老）の異称**
「笑草」…ユリ科・自生・花期　初夏
「野老」…ヤマノイモ科・自生・花期　夏
「鳴子百合」…ユリ科・自生・花期　初夏

対して「野老」となったのだそうです。
ところで、**甘野老**の花にそっくりな花があります。こちらは、**鳴子百合**《なるこゆり》と呼ばれ、花がいくつもぶら下がっている様子を、「鳴子《なるこ》」に見立てたものです。「鳴子」とは、短い竹筒をぶら下げて、音が鳴るようにしたもの。田んぼの鳥獣よけや、人を呼ぶのに用いられました。

茎が丸くて角がないのが**鳴子百合**なのだそうですが、よく混同されて、**鳴子百合**を**笑草**と呼んでいる場合もあります。

どちらにしても、ほころんだ花びらの端が、淡い緑色に縁取られて、なんともいえず可憐《かれん》です。

山道を歩いていて見つけたら、思わず微笑んでしまう花。微笑みをプレゼントしてくれる草だから、**笑草**ともいえるのでしょうね。

無花果《いちじく》

「無花果」…クワ科・小アジアまたはアラビア南部原産・花期　初夏

アダムとイブの物語に出てくるほど、人類とは古いお付き合いの**無花果**《いちじく》ですが、日本に伝わったのは、江戸時代。

名前の由来は、ペルシャ語Anjirが、ヒンズー語Injirとなり、中国でもその音をとって、「映日（インジー）果」。そのまま日本に伝わって、「いちじく」と発音されるようになったという説が有力です。

また、ひと月で熟すから、「一熟《いちじゆく》」という説もあります。

昔の人は、柿の味に似ていると思ったようですね。**唐柿**《とうがき》、**南蛮柿**《なんばんがき》ともいいました。

漢字で、「無花果」と書くのは、花が咲かないと思われたから。

もちろん、花は咲きます。どこに咲くかというと……実の中に咲くのだそうです。私たちが実だと思っている部分は、本当は花を納める袋だったのですね。

初夏、私たちが、小さな実がふくらみ始めたと思っているころ、その厚い皮に包まれて、**無花果**は、静かに花を咲かせているのでしょう。

もうひとつの漢名、「映日果」を当ててもよかったのに、「無花果」という漢字のおかげで、嫌われることも多かったそうです。

でも、その実は、ビタミンや食物繊維が豊富で、栄養価が高いといわれます。

「無花果」どころか、花も実もある果物ですね。

反魂草《はんごんそう》

「反魂草」…キク科・自生・花期　初秋

中国の漢の武帝《ぶてい》は、愛する李夫人を亡くしたあと、「反魂香《はんごんこう》」をたいて、彼女の面影を見たといいます。

「反魂香」は、魂を呼び返し、その煙の中に亡くなった人の姿をあらわすことができるといわれるお香です。

この故事は、白楽天の『李夫人』という詩に描かれ、日本に伝わって、多くの人々の知るところとなりました。

二度とこの世で会えない人に、ひと目だけでも会いたい……。そんな願いをかなえてくれる「反魂香」。それは、楓《かえで》に似た**反魂樹**《はんごんじゅ》という幻の木の根から作るのだそうです。

日本の人々も、この故事を聞いて、どこかに**反魂樹**はないものかと、探したことでしょう。

いつしか、中部地方より北の深山や高原に生えている背の高い草を、**反魂草**《はんごんそう》と呼ぶようになりました。

深い切れ込みの入った葉を、無理やり楓に見立てたのでしょうか。

その花は、目もさめるような黄金色。澄みきった空気の中で、すっくと立っている姿を見れば、心が洗われるような気がします。

残念ながら、死者をよみがえらせる力はないようですが、私たちの疲れた心を、いきいきとよみがえらせる力は、持っているようです。

落花生《らっかせい》

「落花生」…マメ科・南アメリカ原産・花期　夏〜秋

おなじみの**ピーナッツ**。これは英語名です。
江戸時代に中国を経て渡来したので、**南京豆**《なんきんまめ》ともいいますね。ただ、江戸時代はそれほど広まらず、明治になってから、各地で栽培されるようになったのだそうです。
落花生《らっかせい》は、漢名。この名前の由来は、**落花生**の少し変わった実の結び方からきています。
夏から秋にかけて咲く花は、マメ科植物特有の蝶々《ちょうちょう》の形。控えめに咲く黄色い小さな花です。

ここまでは普通なのですが、そのあと、花の下から蔓《つる》のようなものが伸びて、地面にもぐるのです。この蔓のようなものは、雌しべの根元が生長した「子房柄《しぼうへい》」と呼ばれるものだそうです。

花がしぼみ、地に落ちて数日後、土の中には、鞘《さや》に入った、おなじみの実ができているというわけです。そこから、**落花生**という名がつきました。

どうして、こういうしくみになっているのかは、わかっていません。

でも、栄養価が高く手軽でおいしい食べ物として、また良質の油をとるために、世界各地で生産されています。

しかも、砂地や、やせた土地でもよく育つのだそうです。

「落花枝に帰らず」といいますが、そこから始まる物語もあるのですね。

吉祥草《きちじょうそう》

「吉祥草」…ユリ科・自生・花期　秋

「吉祥《きちじょう》」は仏教用語で、よい兆《きざ》しのことです。「きっしょう」とも読みます。**吉祥草《きちじょうそう》**という名前は漢名。普段は花が咲かないけれども、吉事がある時に、その前ぶれとして花が開くという言い伝えから、この名がつきました。

その伝説の花はピンク色。細くたくさん茂った葉の間から、紅色の花茎《かけい》を伸ばし、いくつもの花を咲かせていきます。

そして、そのあとには真っ赤な実ができるのです。

～昭《あき》らけく　悟展《さとりひら》けし　このあした　聖《ひじり》が摘ます　吉祥草花～（岡本かの子）

ほかに、**観音草《かんのんそう》**（かんのんぐさ）という異称もあります。そう思うと、花から飛び出した黄色い雄しべが、観音様のかんざしのように見えます。

とっても縁起のいい名前のおかげで、大切に栽培されることも多いようです。

ところが、実際のところ、めったに咲かない花でもないのだそうです。

吉祥草に限らず、花が咲いているのを見つければ、いいことが起こりそうな気がしませんか。

「すべての日がそれぞれの贈り物を持っている」……。ローマの詩人、マルティアリスの言葉です。

すべての花が、本当は、**吉祥草**なのかもしれません。

葦

よし

日本の文献に最初に登場する植物……それが葦《あし》です。『古事記』には、まだ天地が混沌とした状態の中から、葦の芽が生え出るように、神が生まれたと記されています。

日本は、「豊葦原瑞穂国《とよあしはらのみずほのくに》」……豊かに葦が茂り、みずみずしい稲穂が実る国と呼ばれていました。

「あし」という名前の由来も、神話に基づいて、

「葦」……イネ科・自生・花期　秋

はじめという意味の「はし」が変化したという説、水辺の浅いところに生えるから「浅《あさ》」という説、「青之《あおし》」説、「荒《あら》し」説など、さまざまです。

ただ平安時代になると、「悪《あ》し」と音が同じなのを嫌って、「よし」といいかえるようになりました。

漢字では、生えはじめを「葭」、大きくなったものを「蘆」、穂が出たのものを「葦」と使い分けているようです。読みの方は、どの漢字も「あし」「よし」両方残っていますね。

水辺に葦の穂が生い茂っている風景は、いかにも日本的だと思いがちですが、『聖書』にもしばしば出てくるそうですから、人類とは大変深いかかわりがある植物だといえるでしょう。

「人は自然のうちで最も弱い一本の葦にすぎない。しかしそれは考える葦《あし》である」……パスカルの残した有名な言葉です。

「あし」を「よし」といいかえずにはいられなかった人々の思いも、弱さゆえかもしれません。でも、本当の強さとは、自分の弱さを知っていることではないでしょうか。

吾亦紅《われもこう》

「吾亦紅」…バラ科・自生・花期　秋

まるで実のような丸い花穂《かすい》、その暗い赤紫の微妙な色合い……。秋の風情が漂う**吾亦紅**《われもこう》は、古くから人々に愛されてきました。

名前に、大変特徴がありますね。さまざまな説がありますが、一番もっともな説は、花が、割れ目を入れた「帽額《もこう》」のように見えるからという説です。「帽額」とは、神社などの御簾《みす》の上部に描かれている文様の一種。木瓜《もっこう》とか窠紋《かもん》ともいいます。

ほかにおもしろい説としてよく知られているのが、昔、紅色の花を集めるように命じられた人のお話。**吾亦紅**を採らなかったところ、**吾亦紅**自身が不服を申し立てたというのです。「吾も亦《また》紅なり」と。

本来は、**吾木香**と書いていたのですが、この逸話が広まって**吾亦紅**になったそうです。**吾木香**の字を見てもわかるように、香りもいいので「吾も嗅《か》ぐ」ではないかとする説もあります。

和歌に詠まれる場合は、「吾もかう（＝かく）」。

～鳴けや鳴け　尾花枯葉の　きりぎりす　われもかうこそ　秋は惜しけれ～（待賢門院安芸）

私たちは、共感し合うことで心を通わせ、お互いを理解してきました。「私もそうだよ」と語りかけてくる**吾亦紅**。秋の野のよき友だちです。

梢《こずえ》

語源は、木の末ということで「木末《こずえ》」。

漢字の「梢」は、木と、身体を小さくするという意味の部首「肖」とで、「木末」をあらわしているのだそうです。「肖」の下の部分の「月」は、お月様のことではなく、身体をあらわす「肉」の省略形というわけですね。

昔の人は、ことあるごとに、**梢**を見ていたようです。

梢の様子が、いかにも春めいてくるころを、「梢の春」といいます。

ほかにも、「梢の夏」「梢の雲」「梢の嵐」「梢の雪」……。

そして、「梢の空」は、**梢**を通して見る空のこと。

人は、きっと、**梢**越しの大空に、明日を見つめていたのでしょう。

ひたすら、幹を、枝を、大空に向かって伸ばす樹木たち。その姿に、自分自身を重ねながら……。

茅《ちがや》

今では**茅**《ちがや》と呼ばれていますが、古くは「ち」と呼ばれていました。

数多く集まって生えることから「千《ち》」、出たばかりの穂が赤いことから「血」、隠れている状態の穂を開いて噛《か》むと乳のような甘味があるから「乳《ち》」、アイヌ語の「キ」が変化したものなど、その語源説はさまざまです。

五月五日の端午の節句に食べる粽《ちまき》も、もともと茅の葉で巻いたので、「茅巻《ちま》き」というのだそうです。「夏越《なごし》の祓え」には、**茅**で作った**茅**《ち》**の輪**をくぐる風習が残っていますね。

このように**茅**は、昔から、呪力を持つ草とされてきました。

さまざまな薬効もありますが、火をおこす時に使ったり、道具を作ったり、食用にしたりと、生活には欠かせない植物でもあったのです。

だからこそ、魔よけの力があると考えたのかもしれません。

身のまわりにあるありふれた草、特別なものではなく身近にあるもの……。私たちはそんなところから、いつも、大きな力をもらっているのですものね。

道芝《みちしば》

万葉のころは「道の芝草」といっていました。芝草といっても、いわゆる雑草という意味で使われた言葉です。いつか、道芝《みちしば》という形になり、たいてい、「道芝の露」という形で、和歌に詠まれています。人に踏まれる雑草。そこに置いた露のように、はかないもの……。そんな気持ちをこめて人々はうたいました。

〜言の葉や　ながき世までも　とどまらん　身は消えぬべき　道芝の露〜（『浜松中納言物語』）

私たちも「道芝の露」と同じ、いつかは消える運命です。でも、言の葉は残って、生き続けることができるのです。

〜やまとうたは、人の心を種として、よろづの言の葉とぞなれりける〜（『古今和歌集』仮名序）

心の種から芽生えた「言の葉」。もし命を輝かせた言葉なら、きっとまた次の命も輝かせていくことでしょう。

零れ種

こぼれだね

風に飛ばされた種でしょうか。鳥が運んできた種でしょうか。

人は、自分が意識して蒔《ま》いたのではない種を、**零《こぼ》れ種《だね》**と呼びます。

「蒔かぬ種は、生《は》えぬ」といいますが、蒔かない種が生えることもあるのですね。

芽が出て初めて、その存在を知る**零れ種**……。

そういえば、幸運がまわってきたり、努力が報われたりすることも、「芽が出る」といいますね。

自分が予期しない方向から芽が出ることも、よくあること。

それは、誰かが落としていった**零れ種**のおかげかもしれません。

そして……。あなたの何気ない行動が、**零れ種**になっていることだってあるのです。

第七章
時を告げる草花

～時の花を挿頭《かざし》にせよ～

「挿頭《かざし》」とは、草木や花を髪や冠に挿すことです。

昔は、植物を挿頭にすることで、自然の持つ霊力を身につけようとしたそうです。

その時々を盛りとする草花は、命の輝きにあふれています。それを挿頭にすれば、自分自身の命も輝き出すと思ったのでしょう。

旬の食べ物をいただくという感覚に似ていますね。

このことわざは、その時その時の時勢に従って行動するのがよいというたとえに使われます。

今、時代の流れは複雑になり、時勢を見極めるのも、時流に乗るのもひと苦労です。

それに翻弄《ほんろう》されることなく、自分の心の流れを見つめてみるのもひとつの方法かもしれませんね。

遠い昔の人々のように、時の草花をかざしたり、その下に立ったりすれば、自然の持つ力を授けてもらえるような気がします。

まして、「時」とかかわりの深い名前を持つ草花なら、命を輝かせる術《すべ》を教えてもらえるかもしれません。

椿

つばき

「椿」…ツバキ科・自生・花期　早春

日本人と椿《つばき》との関係は古く、五千年前にさかのぼるといわれています。福井県鳥浜遺跡から出土した縄文時代の斧《おの》や櫛《くし》が、椿の木で作られていたというのです。実からとれる「椿油」も、広く利用されてきました。

栽培の歴史も古く、それだけに、品種は大変な数にのぼります。

花はもちろんのこと、濃い緑のつややかな葉も賞美しました。語源も、光沢があるという意味の古語「つば」からという説や、「艶葉木《つやはき》」「厚葉木《あつはき》」「光葉木《てるはき》」「寿葉木《つばき》」など、葉による説がほとんどです。

十六世紀にはヨーロッパにも伝えられ、椿の花は、「日本の薔薇《ばら》」と呼ばれて、もて

はやされたそうです。『椿姫』の主人公マルグリットのように、コサージュにするのが流行だったとか。

「椿」という字は国字です。中国にも同じ字がありますが、これは別の木、センダン科のチャンチンを指すそうです。よく思いがけない出来事のことを「椿事《ちんじ》」と書きますね。これは『荘子』の中に、「椿＝チャンチン」が珍しい霊木として登場するところからきた言葉。つまり、日本の**椿**とは関係ないということです。

たしかに、日本でも霊木とされてきました。寒い中、春の到来を告げるように咲く**椿**の花。冷たい風に吹かれても凛《りん》として咲いている姿には、気品さえ感じます。

でも、私たちの生活に結びついてきた、とっても身近な木です。

そんなふうに感じるせいでしょうか。「椿事」よりも「珍事」と書くことの方が多いようです。

春蘭《しゅんらん》

「蘭」というと、鮮やかな色、甘い香り、豪華な花……。いかにも華麗なイメージですが、日本に自生する蘭は比較的慎ましやかなものばかりです。

なかでも、この春蘭《しゅんらん》は、咲いていても気づかないほど地味な花を咲かせます。

花の色は、葉と同じような薄い萌黄《もえぎ》色《いろ》。その清楚な印象が、俗気を帯びてい

「春蘭」…ラン科・自生・花期　早春

ないとして、愛でられてきました。

冬に咲く**寒蘭**《かんらん》に対して、早春に咲くから**春蘭**と呼ばれます。

「春蘭、秋菊、倶《とも》に廃すべからず」……。どちらも甲乙つけがたいほどすばらしいことのたとえです。秋の菊と並んで、優劣をつけられないほど、趣がある花とされてきたというわけですね。中国の**春蘭**は別の種を指すのだそうですが、日本の**春蘭**にもこの言葉は当てはまると思います。

紫色の斑点がついているので、**黒子**《ほくろ》とも呼ばれます。こちらの方が、昔から親しまれてきた名前のようです。

もうひとつ、**春蘭**を愛する人たちは、親しみを込めて、こう呼びます。**爺婆**《じじばば》……。その姿を、背中の曲がったおじいさん、おばあさんに見立てたものだとか。

昔の子どもたちが、「じじ、ばば」と祖父母を慕ったように、早春の木陰にひっそりとたたずんでいるこの花を、やさしく見守ってきたのでしょうね。

夏雪草《なつゆきそう》

✲ウツギの異名
「夏雪草」…ユキノシタ科・自生・花期　初夏

初夏を告げる花といえば、まず**空木**《うつぎ》があげられるでしょう。幹が空洞になっているから**空木**という説が一般的です。でも、木の部分は堅いので、楊枝《ようじ》や木釘《きくぎ》にも利用されるのだそうです。語源説の中には、木釘にして打ち込むので「打ち木」という説もあります。

『万葉集』では、同じく初夏を告げる鳥「杜鵑《ほととぎす》」とセットで、よくうたわれています。

〜五月山　卯の花月夜　ほととぎす　聞けども飽かず　また鳴かぬかも〜（よみ人知らず『万葉集』）

卯《う》**の花**は、**空木**のことです。最初の「う」をとって呼ばれるほど、親しまれてきたと

いうことでしょう。

〜時わかず　降れる雪かと　見るまでに　垣根もたわに　咲ける卯の花〜（よみ人知らず『後撰和歌集』）

古くから、垣根に植えられていたようです。

そして、雪のように真っ白な花は、**夏雪草**《なつゆきそう》とも呼ばれるようになりました。

ほかにも、雪に見立てたものに、**雪見草**《ゆきみそう》、**雪花菜**《せっかさい》があります。

五月の異称に「吹雪月《ふぶきづき》」という名前もあるほど。もちろん、これは、この時期、たわわに咲きこぼれる**空木**を、吹雪に見立てたものです。今では、花吹雪といえば**桜**ですが、当時は、**卯の花**だったのですね。初夏の花吹雪は、どこまでも白くさわやかです。

万年青《おもと》

季節が移り変わっても、変わらぬ緑を保ち続ける植物を、「常磐木《ときわぎ》」といいます。昔の人々は、ことのほか、「常磐木」を尊んできました。

木ではありませんが、この**万年青《おもと》**も、一年中緑を保っている植物のひとつ。青々とした大きな葉が好まれ、よく観賞用として栽培されています。また、引越しなどの贈り物としても、使われてきました。

「万年青」…ユリ科・自生・花期　初夏

江戸時代から、何度か大流行したのですが、その火付け役は、徳川家康だったとか。江戸城に移った時、自ら栽培していたのだそうです。

語源にはいろいろな説があって、大分の「御許山《おもと》」がよい品種の産地であったところからこの名がついたという説。株が大きくなるので「大本《おおもと》」といったという説。「青本」が変化したという説。「母人《おもひと》」説などがあります。

そういえば、江戸時代は、「老母草」と書いていたとか。

「母人」説は、秋にできる赤い実を、葉が抱いているように見たものだそうです。子を思う母の心は、いつまでも変わらないということにも通じるのでしょうね。

漢字は、漢名をそのまま当てたもの。「万年《まんねん》」には、長寿という意味もあるといいます。

老いた母親に、少しでも長生きしてもらいたい……。そう願う子の心も、いつまでも変わりません。

明日葉《あしたば》

「明日葉」…セリ科・自生・花期　初夏〜秋

健康野菜としても、おなじみですね。独特の香りとほのかな苦味が特徴です。この**明日葉**《あしたば》、関東地方南部から伊豆諸島、紀伊半島などの海岸に、自生しているそうです。

八丈草《はちじょうそう》とも呼ばれ、江戸時代から、八丈島特産の薬草として知られていたとか。実際、ビタミン、ミネラル、食物繊維なども豊富で、さまざまな薬効が期待されています。

今日摘んでも、明日には再び若葉が出るというところから、**明日葉**という名前がつきました。さすがに一日で新芽を出すことはないそうですが、二、三日で出てくるというのですから、生命力の強さがうかがえますね。

そのパワーは、冬の間も艶のある緑の葉を保っているほどです。

若芽を摘むので春の季語となっていますが、花の時期も長く、小さな白い花が、初夏から秋にかけて、次々と咲いていくそうです。

私たちの細胞も、日々生まれ変わっているといいます。目には見えませんが、**明日葉**と同じように、毎日新しい芽を出しているというわけです。

希望の芽も同じことかもしれません。たとえ、小さな芽が摘まれても大丈夫。

そのことに気づかせてくれる**明日葉**。食べ物としての栄養だけではなく、心の栄養も、たくさんもらっているのですね。

時計草《とけいそう》

「時計草」…トケイソウ科・ブラジル原産・花期　夏

花びらが十枚あるように見えますが、そのうちの五枚は萼《がく》だそうです。花びらといっしょになって、きれいな円をかたちづくっています。その前にたくさん雄しべが並んでいるように見えますが、これは副花冠《ふくかかん》と呼ばれるもの。これも、きれいに並んで、まるで時計の目盛りのようです。真ん中に、先が五つに分かれた雄しべと、三つに分かれた雌しべが飛び出していて、なんとなく時計の針に見えます。

そこで**時計草**《とけいそう》。江戸時代に渡来して、つけられた名前です。

「時計」は、もともと「土圭」と書きました。経度を測る道具だったのですが、日時計として使われるようになったものです。

日本初の時計は、天智天皇が作った漏刻《ろうこく》と呼ばれる水時計。

やがて十六世紀、西洋から、機械仕掛けの時計が伝わり、江戸時代には和時計と呼ばれるさまざまな時計を工夫していったということです。

ところで、**時計草**の英名は、passionflower。情熱の花かと思ったら、この passion はキリストの受難という意味だそうです。

イエズス会の宣教師たちは、雌しべを釘《くぎ》、雄しべを傷、花びらと萼を、ユダとペテロを除いた十人の使徒に見立てて、この花をキリスト受難の象徴としたのだとか。

最近出回るようになったパッションフルーツは、この**時計草**の実。

やはり、この**時計草**にも、さまざまな時が刻まれているようです。

そして、日本での新しい歴史も刻まれていくことでしょう。

未草《ひつじぐさ》

「未草」…スイレン科・自生・花期　夏

睡蓮《すいれん》といった方が、わかりやすいかもしれませんね。

睡蓮は、本来**未草**《ひつじぐさ》の漢名でしたが、今ではスイレン科の植物の総称。つまり、特定の植物を指す名前ではありません。

さまざまなスイレン科の品種の中でも、日本で自生する唯一の**睡蓮**が、**未草**だそうです。

その名の「未《ひつじ》」というのは「未の刻」のこと。だいたい午後一時から三時です。この時刻に花が開くので、**未草**という名前がついたといいます。

ところが、漢名、**睡蓮**の由来は、朝開いて午後は水中に眠る蓮だから、というのです。

日本と逆ですね。これは品種の違いということになっています。

それだけではありません。昔の時間制度がまた、一筋縄ではいかないのです。

特に江戸時代は「不定時法」。夜明けから日没までの時間を六等分するという時間の単位で暮らしていました。つまり、毎日、時間の基準の長さが変わっていたのです。これでいくと、夏至のころと冬至のころとでは一刻が一時間近くも違うことになります。

本当は、その方が自然なのかもしれません。それぞれの条件によって、時間の経《た》ち方は違うのですから。

自分の時間の感覚に従って生きていく……。もちろん、未草が開くのも閉じるのも、日によってまちまちです。

待宵草《まつよいぐさ》

「待宵草」…アカバナ科・南アメリカ原産・花期　夏
「月見草」…アカバナ科・北アメリカ原産・花期　夏
「大待宵草」…アカバナ科・北アメリカ原産・花期　夏

「待宵《まつよい》」といえば、「中秋の名月」の前日、旧暦八月十四日の宵《よい》のことです。

でも、**待宵草《まつよいぐさ》**は夏の花。その名のとおり、宵、つまり日暮れを待つように咲き出します。そして、たった一晩咲いただけでしぼんでしまう一《ひと》夜《よ》花《ばな》です。朝、赤くなってしおれているさまは、なんとも艶っぽい風情があります。

いかにも日本に古くからある花のようですが、じつは江戸時代の末期に、南アメリカから

渡来したものだそうです。

よく月見草《つきみそう》と混同されますね。でも**月見草**は白い花。北アメリカから渡来したものの、日本の風土になじめなかったようで、今ではほとんど見られません。

待宵草はお月様を映したような、黄色い花です。

また、大型の**大待宵草**《おおまつよいぐさ》もあります。こちらは、北アメリカ原産で、明治の初めに日本にやってきました。

太宰治が「富士には月見草がよく似合う」と言ったのも、竹久夢二が「待てど暮らせど来ぬ人を宵待草のやるせなさ」とうたったのも、じつはこの**大待宵草**と間違ったのではないかということです。

そういえば、「待宵」にはもうひとつ意味があります。来ることになっている人を待つ宵のこと。きっと、待ち合わせをする恋人たちの足元を照らすように、**待宵草**が咲いていることでしょう。

日日草《にちにちそう》

「日日草」…キョウチクトウ科・マダガスカル
原産・花期　夏

五つに分かれた、すっきりとした花びら。夏の陽射しの下で、さわやかに咲いていま す。紅色、白、紫……。最近は、色とりどりの花を見かけるようになりました。

日本には、江戸時代に伝わったそうです。

はっきりとした艶やかな色あいが人目をひいたことから、**花魁草**《おいらんそう》と呼ばれたこともあります。

ちなみに**花魁**《かかい》とは、花のさきがけ、**梅**のことでした。中国で、遊女のことを呼ぶ時にも使ったことから、日本でもこの漢字を当てるようになったということです。

ほかに、**長春花**《ちょうしゅんか》、**四時花**《しじか》、**雁来紅**《がんらいこう》などの異名があります。花の時期の長さを物語っていますね。

毎日、ひとつずつ咲いていくから日日草《にちにちそう》。日日《にちにち》花《か》ともいいます。

まさに、「日日に新たなり」を実践しているわけですね。

その葉からは、抗癌剤も作られるとか。いいかえれば、強い毒性もあるということです。新しい気持ちで迎える日日の積み重ねは、とてつもないパワーを秘めるに至ったということでしょうか。

でも、花の表情はとっても無邪気。まるで、来る日も来る日もよい日……「日日是好《これこう》日《じつ》」といっているかのようです。

百日紅《さるすべり》

「百日紅」…ミソハギ科・中国南部原産・花期　夏〜秋

つるんとした木肌。木登りの得意な猿でも滑ってしまうだろうな……ということで、この名がつきました。

中国南部原産の木ですが、鎌倉時代以前には日本に伝わっていたといわれます。

当時の言葉では、「滑る」は「なめる」。ですから、「さるなめり」といったそうです。

〜足引の　山のかけぢの　さるなめり　す

べらかにても　よをわたらはや～（藤原為家）

腐りにくい材質だそうで、そのまま床柱に利用されたりもするそうです。

「猿滑」とも書きますが、「百日紅」と書くのが一般的ですね。こちらは漢語を当てたもの。そのまま音読みして、「ひゃくじつこう」ともいいます。

日本人は、すべすべした幹に注目しましたが、中国では鮮やかな花に注目したというわけです。

文字どおり、紅色の花が百日近くも咲き続けるということですね。

その百日は、ちょうど暑さの厳しい七月から九月ごろ。なのに、暑さなど苦にもしないといった風情で、涼しげに咲いています。

～萩の花　すでに散らくも　彼岸過ぎて　猶咲き残る　さるすべりかも～（正岡子規）

まるで、やわらかなフリルのような花びら。紅の色もやさしげで、心にさわやかな風を呼んでくれるようです。

千日紅《せんにちこう》

「千日紅」…ユリ科・熱帯地方原産・花期　夏〜秋

百日紅《さるすべり》は、百日近くも、紅を保ち続ける花ということでした。ところが、もっと上をいく花があります。

千日紅《せんにちこう》。つまり、千日……三年以上です。また、大きく出たものですね。

たしかに、夏から、秋の終わりまで、まんまる頭の紅色の花が、ずっと咲いています。

「紅」という名前ですが、白や薄紅色のものもあります。

江戸時代、中国を経て日本に伝わった時も、花期が長いということで、大変珍しがられたとか。

女性は、かんざしにもしたそうですよ。

それにしても、千日も咲き続けることはないでしょう……と突っ込みたくなりますが、この名前、あながち嘘ともいえないのです。

江戸時代の書物に、千日紅を、ドライフラワーとして用いたことが記されています。

〜花の色かわらずして重宝なる物〜（『花《か》壇《だん》地《じ》錦《きん》抄《しょう》』）

これが、日本で最初の、ドライフラワーの記録だそうです。

イギリスやフランスでは、「不死の花」と呼ばれるほど。

枯れない方法を探すより、枯れても生き続ける道を選んだからこそ、こんなに長く、鮮やかに咲き続けることができるということですね。

楸《ひさぎ》

日本では、木偏に「春」は椿《つばき》、「夏」は榎《えのき》、「秋」は楸《ひさぎ》、「冬」は柊《ひいらぎ》と読ませています。

椿は、早春に、鮮やかな花を咲かせます。

榎は、初夏に小さな花が咲き、秋に赤い実がなるのですが、何よりも盛夏、大きく広げた枝に葉を茂らせて、心地よい木陰を作ってくれます。

キササゲ（木豇豆）の異名

「楸」…トウダイグサ科・中国中南部原産・花期　夏
「赤芽柏」…トウダイグサ科・自生・花期　夏
「椿」…ツバキ科・自生・花期　早春
「榎」…ニレ科・自生・花期　初夏
「柊」…モクセイ科・自生・花期　初冬
「豇豆」…マメ科・中央アフリカ原産・花期　夏

柊は、初冬、ぎざぎざの葉のつけ根に、かわいらしい花をたくさんつけます。葉をさわれば、ひりひりするという意味の「疼《ひら》ぐ」という言葉に由来する名前。真冬でもいきいきと緑を保っています。

それらに比べて、**楸**はあまり知られていませんね。

楸は、**木豇豆**《きささげ》の異名だとも、**赤芽柏**《あかめがしわ》の古名だともいわれます。

赤芽柏は、新芽や若葉が真っ赤で、生長すると緑になる木です。食事を盛る葉は「炊葉《かしきば》」と呼ばれ、「柏《かしわ》」に変化していきました。**赤芽柏**の大きな葉も、食事を盛るのにも使われたということです。古来、和歌に詠まれているのは、こちらの方。

でも現在では、**木豇豆**を指すことの方が多いようです。秋、枝から細長く伸びた実を、たくさんぶら下げています。その実が豆の豇豆《ささげ》に似ていることから、この名がつきました。語源には、物を捧《ささ》げるような形だからという説、「莢下《さやさ》げ」という説などがあります。

それにしても、豊かな日本の秋……。昔の人はきっと、秋を代表する木をたった一本にしぼることができなかったのかもしれませんね。

秋知草《あきしりぐさ》

萩《はぎ》といえば、山萩《やまはぎ》をさすこともありますが、普通はハギ科の植物の総称です。『万葉集』で萩を詠んだ歌は約百四十首。花の中で最も多い数です。万葉人に最も愛された花といえるでしょう。

萩のお花見もしていたそうですし、「秋の七草」の歌でも、筆頭にあげられています。人々は、萩の花が咲いたことによって、秋が来たことを知ったのかもしれません。秋知草と呼ばれるようになりました。

秋といえば、鹿の恋の季節と重なります。萩のそばで鳴く鹿を詠んだ歌も数多く、いつしか、萩は、鹿妻《しかつま》、鹿花妻《しかのはなづま》、鹿妻草《かのつまぐさ》など

ハギの異名
「山萩」…マメ科・自生・花期　秋

と呼ばれるようになりました。

~奥山に　もみぢふみわけ　鳴く鹿の　声聞く時ぞ　秋は悲しき~（よみ人知らず『古今和歌集』）

この歌に詠まれている「もみぢ」も、実は**萩**の黄葉だったそうです。

~秋の野に　咲ける秋萩　秋風に　靡《なび》ける上に　秋の露置けり~（大伴家持『万葉集』）

秋、秋、秋……。**萩**の小さな花が、「秋」という字に見えてきました。そういえば、「萩」という字も、国字だそうです。

こぼれんばかりの秋が、**萩**の枝で揺れています。

冬花蕨《ふゆのはなわらび》

「冬花蕨」…ハナヤスリ科・自生
「蕨」…コバノイシカグマ科・自生

春を告げる山菜としておなじみの蕨《わらび》。新芽は、とくに早蕨《さわらび》と呼ばれ、古くから食用とされてきました。根からとった澱粉《でんぷん》で作る「蕨餅《わらびもち》」も、おいしいですね。

蕨はシダ植物ですから、花は咲きません。

すると、この冬花蕨《ふゆのはなわらび》は、冬に美しい花を咲かせるのかなと思いきや……。

やはり、シダの仲間で、花は咲かないのです。

ただ、冬になると、一本の胞子葉《ほうしよう》を伸ばし、そこにたくさんの胞子をつけます。これが、黄土色の小さな花をいっぱいつけた、花穂《かすい》に見えるのです。そこからこの名前がつきました。

別名、**冬蕨**、**寒蕨**《かんわらび》、**日陰蕨**《ひかげわらび》。

蕨と同じ仲間ではありませんし、葉もどちらかというと、**芹**《せり》に似ている気がします。新芽も、**蕨**のように巻いたりはしません。

そういえば**蕨**の語源はさまざまですが、その中には、「**童手振**《わらてふり》」が変化したというものや、形が藁《わら》を燃やしてたく「**藁火**《わらび》」に似ているから、という説があります。

赤ちゃんの握りこぶしのような、春の**蕨**。すると、**冬花蕨**は、その手を開いて、振っている様子でしょうか。それとも、冬枯れの野にほのかに揺れる、やさしいともし火でしょうか。

早花咲月《さはなさづき》

☆旧暦三月の異称

旧暦三月は、今よりもう少し、季節が進んだころです。

異称の中には、「桜月」「花見月」「桃月」などにまじって、「春惜月《はるおしみづき》」「晩春」「暮春《ぼしゅん》」などもあるほど。春も終わりに近づくころという雰囲気がありました。

「弥生《やよい》」も、その語源は、「木《き》草《くさ》弥生《いやおい》月《づき》」が変化したものだといわれます。木や草が、ますます生い茂る月だという意味です。

早花咲月……。「早」という字を使っていますが、この「さ」は、早いという意味ではなく、若々しいという意味を添える接頭語だそうです。

当時は、いきいきと、みずみずしい花が咲きほこる月だったのでしょう。

でも現代は、春を待ちかねた気の早い花たちが、次々と咲いていくころ。文字どおり、**早花咲月**の到来です。

木の葉月《このはづき》

☆旧暦四月の異称

ここでいう木の葉は、何の葉か、おわかりでしょうか。答えは、桑《くわ》の葉です。養蚕《ようさん》が盛んだった昔は、日本のいたるところに桑畑がありました。ちょうど桑の新芽が出るころに蚕《かいこ》が孵化《ふか》するよう、調節していたそうです。そして、その葉を採る時期が、旧暦四月ごろだということですね。

本当は、十メートル以上の大木になるそうですが、毎年、枝ごと刈られるために、幹の節くれだった低木になっていました。

「くわ」という名前も「蚕葉《こば》」「蚕食葉《かいこくうは》」「食葉《くうは》」などが変化したものだとか。

～山の畑の桑の実を　小かごにつんだは　まぼろしか～（三木露風「赤とんぼ」より）

蚕と運命をともにした桑そのものも、幻《まぼろし》になろうとしています。それを寂しいと感じるのは、日本人の心のふるさとというべき風景だからでしょう。かつて日本は、「扶《ふ》桑《そう》」とか、「桑の国」と呼ばれたこともあったのですから……。

菖蒲月

あやめづき

☆旧暦五月の異称

五月を代表する花にも、いろいろありますが、菖蒲《あやめ》もそのひとつでしょう。「しょうぶ」とも読めますが、「しょうぶ」はサトイモ科の植物。蒲《がま》の穂のような花が咲き、私たちが今「あやめ」と呼んでいる花とは、似ても似つかないものです。ただ、昔は、こちらを「あやめ」と呼んでいました。今「あやめ」と呼んでいる方は、葉が似ているところから、「花あやめ」と呼んで区別していたそうです。

菖蒲月の「あやめ」も「花あやめ」ではなく、「しょうぶ」の方を指すのでしょう。「あやめ」は「文目」と書いて、物事の筋道や分別を指す場合にも使う言葉です。

～郭公《ほととぎす》　なくや五月《さつき》の　あやめ草　あやめもしらぬ　恋もするかな～（よみ人しらず『古今和歌集』）

よい香りがする上、すらりと伸びた「あやめ」の葉……。「文目も知らぬ恋」もいいけれど、文目を知った恋もすてきです。

田草月

たぐさづき

☆旧暦六月の異称

「田草」とは、田んぼに生える雑草のことです。旧暦六月の暑い盛り、田んぼにかがんでの田草取りは、かなりの重労働だったことでしょう。

田草は、一度抜いたぐらいでは、またすぐ生えてきます。そこで、一番草《いちばんぐさ》、二番草、三番草と、何度も田草取りをしたそうです。

今では、除草剤の発達で、あまり必要なくなったとのこと。

それにしても、まったく同じ草でも、人間の都合の悪い場所に生えれば、雑草として引っこ抜かれ、野や山に生えれば、山野草として愛でられたりするのですね。

ただ、昔は抜いた田草を捨てずに肥料にしたそうです。土にかえすという気持ちからでしょうか。

私たちの毎日が、さまざまな命の上に成り立っているということを、思う月にしてもいいかもしれません。

蘭月《らんげつ》

☆旧暦七月の異称

蘭というと、華やかなラン科の植物を思い浮かべますね。でも、古くは、キク科の**藤**《ふじ》**袴**《ばかま》を指しました。**蘭月**の**蘭**も、この**藤袴**のことだと思われます。旧暦七月ごろ……現代の七月よりもうひと月ほど先になると、少しずつ咲き始めることでしょう。秋の七草にも数えられる**藤袴**。特に愛されたのは香りです。なんでも、異性を引き寄せる力があるのだとか。昔の人は、匂袋にしのばせたり、髪に挿したりしたそうです。
～宿りせし　人の形見か　藤袴　忘られがたき　香ににほひつつ～（紀貫之『古今和歌集』）

今、野生の**藤袴**は、絶滅危惧品種です。

現代人は、強い香りに慣れてしまったのかもしれません。藤袴の慎ましやかな香りは、注目されないようになってしまいました。

ささやかな香りにも心動かした繊細な心を、もう一度、取り戻せないものでしょうか。

竹の春

たけのはる

☆旧暦八月の異称

初夏に顔を出した筍《たけのこ》……。すくすく育って、旧暦八月ごろになると、いきいきと葉を茂らせます。

そこから、この時期を、**竹の春**というようになり、旧暦八月の異称にもなりました。

反対に、ほかの木々の若葉が萌え出し、花を咲かせる春……。竹の葉は色褪せ、枯れていくように見えます。これは、筍を育てるために、養分を、地中にまわすからなのだそうです。だいたい、旧暦三月ごろ。こちらの方は、**竹の秋**と表現しました。

天邪鬼《あまのじやく》なようですが、思えば誰でも、同じ時期に実りの時が来るとは限りません。

誰かが花を咲かせていても、竹のように秋かもしれないのです。

そして、必ずやってくる自分の春……。その時こそ思う存分謳歌《おうか》すればいいのですね。

小田刈月

おだかりづき

☆旧暦九月の異称

小《お》がついていますが、これは接頭語。とくに小さいという意味ではなく、語調をやわらげたり、整えたりするためについたものだそうです。つまり、田を刈る月。いよいよ、収穫の季節ですね。

ほかに、**稲刈月**といういい方もあります。「長月《ながつき》」の語源は、「夜《よ》長月《ながつき》」の略だとする説が定説ですが、この「稲刈月」が変化したものだとする説もあるんですよ。

「稲」の語源は、「命根《いのちのね》」「息根《いきね》（生根）」「飯根《いいね》」「美苗《いつくしなえ》」などさまざま。これらが物語るように、私たちの命の根っこにつながる、大切な恵みだということです。

稲にも花が咲きます。花びらのない、小さな小さな花です。籾《もみ》の割れ目から白い雄しべがのぞいているので、かろうじてわかるぐらい。

それが、穂にいっぱい集まって、みんなでいっしょに実りの時を迎えようとしています。私たちの命の根っこも、やっぱり命の根っこでつながっているのですね。

紅葉月《もみじづき》

☆旧暦十月の異称

現代では紅葉にはまだ早いのですが、旧暦十月というと、そろそろ樹木が色づき始めるころです。

ところで「もみじ」というと、**楓**《かえで》を思い浮かべる人が多いことでしょう。でも、もともと「もみじ」は秋に色づいた葉の総称。「紅葉」だけでなく、「黄葉」とも書きました。その「もみじ」の語源は、「揉出《もみいづ》」だといわれます。よく、秋の色に染まるという表現をしますが、染められた色ではなく、中から揉み出した色だということなのですね。

葉っぱたちの中に秘められていた色。それがにじみ出て、内面からの輝きとなってあらわれたのです。こんなに美しい色となって……。きっと夏の間、若葉たちは、一生懸命、内側を磨き続けていたのでしょう。

この秋、私たちの中からも、どんな色が揉み出されてくるのでしょうか。葉っぱたちに負けない、輝きにあふれた色が見えるといいですね。

露隠葉月《つゆごもりのはづき》

☆旧暦十一月の異称

露は、秋に一番よく見られ、秋という季節を象徴する風物でもありました。

旧暦十一月は、もう冬。このころになると、葉にかかる露も姿を消してしまいます。凍って、霜になるからですね。十一月の代表的な異称も「霜月」となっています。

ちなみに、**露見草**《つゆみぐさ》は**薄**《すすき》、**露取草**《つゆとりぐさ》は**里芋**《さといも》、**露湛草**《つゆたえぐさ》（**露玉草**《つゆたまぐさ》）は**蓮**《はす》の異称。どれも、葉に置いた露が美しく映える草花です。

そんな葉の上できらきら輝く露も、もう見られない……。

～つゆごもりのはつきの空を　眺むれば　なほ雪気にぞ　なりわたりける～（『古今和歌集打聴』）

現代でも、過ぎゆく秋のせつなさをかきたてるような、美しい名前です。

でも、露の花の代わりに、赤や黄色に色づいた木の葉たちが、心に華やぎを与えてくれる季節でもありますね。

梅初月

うめはつづき

☆旧暦十二月の異称

　梅の花が咲き始める月ということです。旧暦十二月……。気の早い梅なら、一輪一輪、咲き始めるころでしょうか。ちょうど花の少ない季節。梅の花が咲き始めるのを、それほど待ちわびているということでしょうね。

　春告草《はるつげぐさ》の異名を持ち、春の季語となっている梅ですが、『万葉集』では、雪とともにうたわれることも多かったようです。

～今日降りし　雪に競ひて　我がやどの　冬木の梅は　花さきにけり～（大伴家持『万葉集』）

　大変たくさんの異称を持つ梅ですが、その中のひとつに好文木《こうぶんぼく》があります。

　昔、晋《しん》の武帝が、学問に励むと梅の花が咲き、怠るとしおれていたという故事からきた名前です。

　それなら、私たちも学問に励んで、一日も早く梅に咲いてもらいましょうか。

早緑月

さみどりづき

☆旧暦一月の異称

「早緑《さみどり》」は、若草や若葉の緑色のこと。初夏を思わせる言葉です。ですが、**早緑月《さみどりづき》**の場合は少し違います。旧暦一月は、木や草に、しだいに緑が添えられるようになる月。そこで、こう呼ばれるようになりました。

まだまだ厳しい寒さの中、人々は草木の中に、春の兆しを探しながら、過ごしていたのでしょうね。

現代は、外国からの植物や温室育ちの植物などで、真冬でも意外と緑にこと欠きません。そんなことからか、新しい芽生えに対する敏感な心を、忘れてしまっているような気がします。

枯れ枝や土の中に、冬萌えともいえないほどの淡い緑を感じる時……。新しいことが始まる予感に似ています。

さあ、新年、**早緑月**の始まりです。

木芽月

このめづき

☆旧暦二月の異称

旧暦二月は、樹木が芽ぶく月ということで、**木芽月**とも呼ばれます。

ところで、木の芽を「きのめ」と読むと、特に山椒《さんしょう》の新芽を指すことになるそうです。あの、「山椒は小粒でもぴりりと辛い」の**山椒**ですね。小さな実を香辛料などに利用することは、ご存じのとおり。新芽も、お料理の彩りや香りつけ、すりおろして「木《き》の芽和《あ》え」などにします。口の中に広がるみずみずしい香り。これぞ早春の味わいです。

現代の二月は、まだまだ厳しい寒さが続きます。外は、枯木立《かれこだち》が並ぶ冬景色。でも、近寄ってよく見てください。枝の先に冬芽をつけているのがわかります。

冬芽の表情は、樹木の種類によってさまざま。みんな、いろいろな顔で春を待っているのですね。

私たちの心にも、春を待つ芽がふくらんでいく……。そんな月です。

主な参考文献

足田輝一著『草木夜ばなし・今や昔』(草思社・一九八九年)
いがりまさし著『野草のおぼえ方』(小学館・一九九八年)
池田書店編『花ことば 小さな花に想いをたくして』(池田書店・一九九〇年)
飯倉照平著『中国の花物語』(集英社新書・二〇〇二年)
今給黎靖夫著『「いきもの」前線マップ—桜はいつ咲く? カエルはいつ鳴く?』(技術評論社・二〇〇五年)
『MSN エンカルタ百科事典』
大岡信監修『日本うたことば表現辞典 植物編(上下)』(遊子館・二〇〇三年)
太田次郎著『植物たちの「衣・食・住」学』(同文書院・一九八九年)
加藤辰巳、太田英利共著『日本の絶滅危惧生物』(保育社・一九九三年)
川口謙二著『花と民俗』(東京美術・一九八二年)
木村陽二郎監修『図説 草木名彙辞典』(柏書房・一九九一年)
木村陽二郎監修『図説 花と樹の事典』(柏書房・二〇〇五年)
草川俊著『野草の歳時記』(読売新聞社・一九八七年)
草野双人『雑草にも名前がある』(文藝春秋新書・二〇〇四年)
故事ことわざ研究会編『植物の故事ことわざ事典』(アロー出版社・一九七七年)
佐竹義輔、大井次三郎、北村四郎、亘理俊次、冨成忠夫著『日本の野生植物』(平凡社・一九八五年)
清水清著『植物の名前小事典』(誠文堂新光社・一九七八年)
干宝著、竹田晃訳『捜神記』(平凡社・一九六四年)
『世界大百科事典』(平凡社)
草土出版編『花屋さんの花図鑑』(草土出版・一九八三年)
高橋勝雄著『野草の名前』(山と溪谷社・二〇〇三年)
高橋秀男著『野草大図鑑』(北陸館・一九九〇年)
中村公一著『中国の愛の花ことば』(草思社・二〇〇二年)
日本国語大辞典第二版編集委員会、小学館国語大辞典編集部編『日本国語大辞典 第二版』(小学館・二〇〇一年)
原口隆行著『愛の花ことば—花で伝える心のメッセージ』(成美堂出版・一九九〇年)
平田喜信、身崎壽著『和歌植物表現辞典』(東京堂出版・一九九四年)
平凡社新書編集部編著『ネイチャー・カレンダー』(平凡社新書・二〇〇一年)
牧野富太郎著『原色牧野植物大図鑑』(北隆館・一九八五年)
水原秋桜子、加藤楸邨、山本健吉監修『日本大歳時記』(講談社・一九九六年)
百瀬成夫著『四季・動植物前線—百種の前線図を収載』(技法堂出版・一九九八年)
柳宗民著『日本の花』(ちくま新書・二〇〇六年)
吉田金彦編著『語源辞典 植物編』(東京堂出版・二〇〇一年)

索引

あ

葵 あおい…61、62
赤詰草 あかつめくさ…19
赤の飯 あかのまんま…82
赤松 あかまつ…201
赤飯 あかまんま…82
赤芽柏 あかめがしわ…128
秋桜 あきざくら…45
朝顔 あさがお…39、40、174
浅黄水仙 あさぎすいせん…11
葦 あし…217、218
明日葉 あしたば…235、236
馬酔木 あしび…51、52
梓 あずさ…127、128
遊草 あそびぐさ…197
敦盛草 あつもりそう…107、108
アネモネ…21、54
阿弗利加千本槍 アフリカせんぼんやり…17
阿弗利加蒲公英 アフリカたんぽぽ…17
アフリカン・マリーゴールド…35
甘野老 あまどころ…207、208
雨降花 あめふりばな…173
アメリカ山法師…110
菖蒲 あやめ…257
菖蒲月 あやめづき…257
紫羅欄花 あらせいとう…98
有実 ありのみ…203
無花果 いちじく…209、210
糸繰草 いとくりそう…100
犬蓼 いぬたで…81、82
犬陰嚢 いぬのふぐり…91、92
一輪草 いちりんそう…54
薄雪草 うすゆきそう…185、186
羽蝶蘭 はちょうらん…118
靫草 うつぼぐさ…173
空木 うつぎ…231
卯の花 うのはな…231、232
莵芽子 うはぎ…153
馬不食 うまくわず…51
梅 うめ…206、243、264
梅初月 うめはつづき…264
裏見草 うらみぐさ…79
笑草 えみぐさ…207、208
夷草 えびすぐさ…66
榎 えのき…249
狗子柳 えのころやなぎ…159
エーデルワイス…186
烏帽子草 えぼしぐさ…131
豌豆 えんどう…32
延年草 えんねんそう…199
延命小袋 えんめいこぶくろ…108
延命草 えんめいそう…199
延齢草 えんれいそう…199
花魁草 おいらんそう…243
楝 おうち…167
大紫羅欄花 おおあらせいとう…98
大犬陰嚢 おおいぬのふぐり…91
大千本槍 おおせんぼんやり…18
大待宵草 おおまつよいぐさ…175、242
荻 おぎ…187、188
小田刈月 おだかりづき…261
苧環 おだまき…99
踊子草 おどりこそう…105、106
乙女桜 おとめざくら…15
尾花 おばな…83
雄松 おまつ…201
思い草 おもいぐさ…83、84
思い葉 おもいば…85
万年青 おもと…233
和蘭馬肥 オランダうまごやし…19
和蘭紫雲英 オランダげんげ…19
阿蘭陀石竹 おらんだせきちく…37
折鶴蘭 おりづるらん…101、102

か

楓 かえで…262
花押 かおう…156
花魁 かかい…243
隠蓑 かくれみの…141、142
風見草 かざみぐさ…14、197
霞草 かすみそう…163、164
風無草 かぜなぐさ…197
堅香子 かたかご…95、96
片栗 かたくり…95
花鳥の使い かちょうのつかい…86、87
カーネーション…37、38
鹿妻草 かのつまぐさ…251
雷花 かみなりばな…174
蚊帳吊草 かやつりぐさ…135、136
ガーベラ…17
韓藍 からあい…123
烏瓜 からすうり…139
唐撫子 からなでしこ…78
川沿草 かわぞいぐさ…197
河高草 かわたかぐさ…197
川根草 かわねぐさ…197
川柳 かわやなぎ…159、160
河原撫子 かわらなでしこ…78
観音草 かんのんそう／かんのんぐさ…215
寒蘭 かんらん…230
雁来紅 がんらいこう…246
寒蕨 かんわらび…254
吉祥草 きちじょうそう…215、216
菊菜 きくな…23

菊蕗《きくぶき》…25
木豇豆《きささげ》…128、250
狐野豌豆《きつねのえんどう》…131
狐枕《きつねのまくら》…140
胡瓜草《きゅうりぐさ》…59、60
黄蓮華《きれんげ》…131
金魚草《きんぎょそう》…113、114
孔雀羊歯《くじゃくしだ》…36
孔雀草《くじゃくそう》…35、36
葛《くず》…79
楠《くすのき》…205、206
熊谷草《くまがいそう》…108
雲見草《くもみぐさ》…167
クレオメ…118
黒松《くろまつ》…201
桑《くわ》…256
鶏頭《けいとう》…123、124
化粧桜《けしょうざくら》…15、16
月桃《げっとう》…169、170
毛槍草《けやりそう》…190
紫雲英《げんげ》…161、162
恋草《こいぐさ》…88
香雪蘭《こうせつらん》…11
好文木《こうぶんぼく》…266
高野箒《こうやぼうき》…151、152
黄金花《こがねばな》…131
穀精草《こくせいそう》…190
小米撫子《こごめなでしこ》…163
梢《こずえ》…221
コスモス…45、46
胡蝶蘭《こちょうらん》…118
木の葉月《このはづき》…258
木芽月《このめづき》…268
小葉立浪《こばのたつなみ》…166
零れ種《こぼれだね》…224
小町草《こまちそう》…71
ころころ柳《ころころやなぎ》…159

さ

サイネリア…25、26
鷺草《さぎそう》…111、112
早花咲月《さはなさづき》…255
桜《さくら》…196、204、232
桜草《さくらそう》…15、16
指燃草《さしもぐさ》…147
里芋《さといも》…181、182、263
百日紅《さるすべり》…245、247
早緑月《さみどりづき》…265
サルビア…29
早蕨《さわらび》…253
山椒《さんしょう》…266
サンフラワー…179
三輪草《さんりんそう》…54
鹿不食《しかくわず》…51
鹿妻《しかつま》…251
鹿花妻《しかのはなづま》…251
紫金草《しきんそう》…98
四時花《しじか》…243
爺婆《じじばば》…230
枝垂柳《しだれやなぎ》…197
シネラリア…25
霜柱《しもばしら》…191、192
芍薬《しゃくやく》…65、66
麝香豌豆《じゃこうえんどう》…31
麝香撫子《じゃこうなでしこ》…38
三味線草《しゃみせんぐさ》…93
十二単《じゅうにひとえ》…103、104
宿根霞草《しゅっこんかすみそう》…163
春菊《しゅんぎく》…23
春蘭《しゅんらん》…229、230
猩猩木《しょうじょうぼく》…47
菖蒲《しょうぶ》…168
精霊花《しょうりょうばな》…146
諸葛菜《しょかっさい》…98
白山菊《しらやまぎく》…154
白孔雀《しろくじゃく》…36
白詰草《しろつめくさ》…19
酔蝶花《すいちょうか》…118
スイートピー…31
酔芙蓉《すいふよう》…120
睡蓮《すいれん》…239
鈴懸木《すずかけのき》…27、28
薄《すすき》…83、84、187、188、263
ストック…98
菫《すみれ》…173
西洋薄雪草《せいようすゆきそう》…186
西洋桜草《せいようさくらそう》…15
西洋石竹《せいようせきちく》…38
西洋風蝶草《せいようふうちょうそう》…117
石竹《せきちく》…37、38
ゼラニウム…33
芹《せり》…73、254
千寿菊《せんじゅぎく》…35
栴檀《せんだん》…167、168
千日紅《せんにちこう》…247、248
仙人掌《せんにんしょう》…42
千本槍《せんぼんやり》…18
相思樹《そうしじゅ》…55、56
染井吉野《そめいよしの》…195

た

太鼓草《たいこぐさ》…190
大根《だいこん》…97
竹の秋《たけのあき》…262
竹の春《たけのはる》…262
立葵《たちあおい》…61
田草月《たぐさづき》…258
立浪草《たつなみそう》…165、166
蓼《たで》…81
谷空木《たにうつぎ》…173
種放草《たねひりぐさ》…137
玉章《たまずさ》…139
玉箒《たまばはき》…151、152
ダリア…34

茅 ちがや…222
茅の輪 ちのわ…222
丁字葛 ちょうじかずら…68
長春花 ちょうしゅんか…243
提灯花 ちょうちんばな…116
月草 つきくさ…177
月見草 つきみそう…175、176、242
衝羽根朝顔 つくばねあさがお…39、40
椿 つばき…227、228、249
露草 つゆくさ…177
露湛草 つゆたえぐさ…265
露玉草 つゆたまぐさ…265
露取草 つゆとりぐさ…181、263
露見草 つゆみぐさ…263
釣鐘草 つりがねそう…116
蔓梔 つるくちなし…68
定家葛 ていかかずら…67、68
天竺葵 てんじくあおい…33
天竺牡丹 てんじくぼたん…33
天人唐草 てんにんからくさ…92
唐柿 とうがき…210
十返の花 とがえりのはな…202
常磐草 ときわぐさ…201
吐金草 ときんそう…137
時計草 とけいそう…237、238
常夏 とこなつ…78
野老 ところ…207
鶏冠草 とさかぐさ…123

な

梨 なし…203、204
薺 なずな…93
懐草 なつかしぐさ…77、78
夏雪草 なつゆきそう…231、232
撫子 なでしこ…38、77、78
鳴子百合 なるこゆり…208
南京豆 なんきんまめ…213
南蛮柿 なんばんがき…210
南蛮煙管 なんばんぎせる…83
匂豌豆 においえんどう…31、32
錦木 にしきぎ…69、70
錦百合 にしきゆり…14
日日花 にちにちか…244
日日草 にちにちそう…243、244
日輪草 にちりんそう…179
日本桜草 にほんさくらそう…15、16
二輪草 にりんそう…53、54
庭忘草 にわわすれぐさ…133、134
猫柳 ねこやなぎ…159
凌霄花 のうぜんかずら…183、184
野良豆 のらまめ…32

は

ハイビスカス…43、44
覇王樹 はおうじゅ…41、42
萩 はぎ…251、252
芭蕉 ばしょう…133
蓮 はす…119、161
八丈草 はちじょうそう…235
羽蝶蘭 はちょうらん…118
二十日草 はつかぐさ…64
花一華 はないちげ…21
花糸撫子 はないとなでしこ…163
花筐 はながたみ…155
花車 はなぐるま…17
花大根 はなだいこん…97、98
花火草 はなびぐさ…136
花火線香 はなびせんこう…136
花放草 はなひりぐさ…137
花水木 はなみずき…109、110
早池峰薄雪草 はやちねうすゆきそう…186
波斯菊 はるしゃぎく…36
春告草 はるつげぐさ…264
反魂草 はんごんそう…211、212
柊 ひいらぎ…249、250
日陰蕨 ひかげわらび…254
日車 ひぐるま…179
緋衣草 ひごろもそう…29、30、106
楸 ひさぎ…249、250
未草 ひつじぐさ…239、240
日照草 ひでりそう…174
一人静 ひとりしずか…58
ピーナッツ…213
向日葵 ひまわり…62、179、180
姫薄雪草 ひめうすゆきそう…186
姫踊子草 ひめおどりこそう…106
白檀 びゃくだん…168
ヒヤシンス…13
百果の宗 ひゃっかのそう…203
比翼草 ひよくそう…75、76
昼顔 ひるがお…173、174
昼咲月見草 ひるざきつきみそう…176
富貴菊 ふうきぎく…25
富貴草 ふうきぐさ…26
富貴蘭 ふうきらん…172
風信子 ふうしんし…13、14
風信草 ふうしんそう…14
風蝶草 ふうちょうそう…117
風蘭 ふうらん…171、172
風鈴草 ふうりんそう…116
深見草 ふかみぐさ…34、63、64
蕗菊 ふきぎく…25
蕗桜 ふきざくら…25
藤袴 ふじばかま…259
扶桑 ふそう…43、44
扶桑華 ふそうげ…43
双葉葵 ふたばあおい…61
二人静 ふたりしずか…57、58
仏桑 ぶっそう…43
仏桑華 ぶっそうげ…43、44

冬葵 ふゆあおい…61
冬花蕨 ふゆのはなわらび…253
芙蓉 ふよう…43、119
プラタナス…27
フリージア…11、12
プリムラ…15
プリムラ・マラコイデス…15
フレンチ・マリーゴールド…35、36
冬蕨 ふゆわらび…254
糸瓜 へちま…143、144
ペチュニア…39
ぺんぺん草 ぺんぺんぐさ…93
ポインセチア…47
箒木 ほうきぎ…152
菩薩花 ぼさつばな…43、44
星草 ほしくさ…189
星の瞳 ほしのひとみ…92
黒子 ほくろ…230
蛍袋 ほたるぶくろ…115、116、173
牡丹 ぼたん…26、33、34、63、64、65
牡丹一華 ぼたんいちげ…21
杜鵑草 ほととぎす…121、122
盆花 ぼんばな…146

ま

マーガレット…23、24
柾の葛 まさきのかずら…68
升草 ますくさ…135
升割草 ますわりぐさ…135
松 まつ…201、202
待宵草 まつよいぐさ…241、242
マリーゴールド…35
万寿菊 まんじゅぎく…35
水掛草 みずかけそう…146
水玉草 みずたまそう…190
水引 みずひき…149、150
水芽 みずめ…128
禊萩 みそはぎ…145、146
道芝 みちしば…223
御綱柏 みつながしわ…142
三角柏 みつのかしわ…142
三葉葵 みつばあおい…200
三葉苺 みつばいちご…200
三葉人参 みつばにんじん…200
実芭蕉 みばしょう…134
都草 みやこぐさ…131、132
脈根草 みやっこんぐさ…131
深山薄雪草 みやまうすゆきそう…186
深山嫁菜 みやまよめな…154
槿 むくげ…173
無患子 むくろじ…39
婿菜 むこな…154
虫取撫子 むしとりなでしこ…71
結状 むすびじょう…140
結び葉 むすびば…85
木欒子 もくげんじ…39
紫蒲公英 むらさきたんぽぽ…18
紫花菜 むらさきはなな…98
群撫子 むれなでしこ…163
雌松 めまつ…202
木春菊 もくしゅんぎく…23
木芙蓉 もくふよう…119
紅葉月 もみじづき…262

や

夜香蘭 やこうらん…14
宿木 やどりぎ…129、130
柳 やなぎ…197、198
柳蓼 やなぎたで…81、82
山桑 やまぐわ…109
山桜 やまざくら…195
山下草 やましたぐさ…187、188
大和撫子 やまとなでしこ…78
山萩 やまはぎ…251
山法師 やまぼうし…109、110
雪見草 ゆきみそう…232
楪 ゆずりは…202
夢見草 ゆめみぐさ…195、196
養老草 ようろうそう…199
夜糞峰榛 よぐそみねばり…128
葦 よし…217、218
淀殿草 よどのぐさ…132
嫁菜 よめな…153、154
夜顔 よるがお…174

ら

落花生 らっかせい…213、214
蘭 らん…259
蘭月 らんげつ…259
梨雲 りうん…204
梨園 りえん…204
梨雪 りせつ…204
流星草 りゅうせいそう…190
竜胆 りんどう…173
瑠璃唐草 るりからくさ…92
瑠璃鍬形 るりくわがた…92
蓮華 れんげ…161
蓮華草 れんげそう…161
連理草 れんりそう…76

わ

勿忘草 わすれなぐさ…59、60
蕨 わらび…253、254
吾亦紅 われもこう…219、220

花の日本語

二〇〇七年三月二十五日　第一刷発行

著者　山下景子
発行者　見城徹
発行所　株式会社幻冬舎
〒一五一-〇〇五一　東京都渋谷区千駄ヶ谷四-九-七
電話　〇三-五四一一-六二一一（編集）
〇三-五四一一-六二二二（営業）
振替　〇〇一二〇-八-七六七六四三
印刷・製本所　株式会社光邦

検印廃止

ISBN978-4-344-01297-4　C0095
幻冬舎ホームページアドレス　http://www.gentosha.co.jp/
この本に関するご意見・ご感想をメールでお寄せいただく場合は、comment@gentosha.co.jpまで。